Hans G. Isenberg

Die schnellsten Trucks der Welt

Inhalt

Die schnellsten Trucks der Welt

Vollprofis: Fritz K. und Gerd Körber

Schwerarbeit für den Chef

Immer gut für einen Sieg: Harri Luostarinen und seine schwarze Katze

Donnerbolzen: 2480 PS starker mexikanischer Dragster-Race Truck

LACENE
Polds Lourds
Continental
26
Continental
TYRES
Continental
PRAGOPROJEKT
SKALA
elf
CUMMINS DIESEL
VDO
ProCA
Karel HOLOUB
TRADE GROUP
ELZED
SISU

Hans G. Isenberg

DIE SCHNELLSTEN TRUCKS DER WELT

HEEL

TEXTAR
YTONG
aculec
Continental
FINA
Tow
VDO
TEAM

Unigraphics
Solutions®
FINA
DAF
VOSS
Fluid components

Reine Nervensache. Mehr oder minder sind alle Super-Race Trucks gleich schnell, gleich stark, und auch in der Beschleunigung sind kaum Unterschiede zu erkennen. Gewonnen wird auf der Bremse. Harri Luostarinen/Cat vor Antonio Albacete/MAN.

Wettrüsten ohne Limit?

3. Die Erfolgsaussichten sind zu ungewiss
4. Wir brauchen das Geld für die Formel 1

Fazit: das Engagement bei den Renntrucks lohnt nicht in Anbetracht der finanziellen Risiken.

Bevor wir nun als angefressene Super-Race-Truck-Fans den Kopf vollends hängen lassen – ähnliche Situationen gab und gibt es im internationalen Rennsport immer wieder. Selbst die Zukunft der Formel 1 stand vor 40 Jahren schon am Abgrund. Auch die Super-Race-Truck-Klasse ist nur angeschlagen, nicht am Ende. Könnte ein neues Reglement die Europameisterschaft zu neuem Leben erwecken?
Blicken wir zurück. In der Formel 1 gab es nach dem Rückzug der Mercedes-Silberpfeile Mitte der 50er Jahre das gleiche Problem. Innerhalb weniger Monate gaben bis auf Ferrari alle bekannten Werksteams den Grand-Prix-Sport auf. Statt der Lancias, Maseratis, Mercedes, Gordinis und Talbots kurvten nun englische Garagisten um den Kurs. Wer diese Entwicklung von Anfang an miterlebt hat, erinnert sich. Oft waren ganze neun echte Grand-Prix-Rennwagen am Start, der Rest bestand aus modifizierten Monoposti von Nachwuchs-Rennserien. Es war, mit Verlaub, eine eher trostlose Situation. Hätte man zu diesem Zeitpunkt alles beim Alten gelassen, dann wäre die Formel 1 mangels Interesse „eingeschlafen". Mit einer spontanen Reglementsänderung zu Dreiliter-Motoren Mitte der sechziger Jahre änderte sich innerhalb realtiv kurzer Zeit die vertrackte Situation. Lotus, Cooper, später Brabham, McLaren oder Dan Gurneys American Eagle Team ließen sich von den „unschlagbaren" Ferraris nicht weich kochen und siegten schließlich mit einfachsten aber cleveren Mitteln. Damit war die Formel-1-Weltmeisterschaft gerettet. Man hatte sich mit neu erwachter Energie selbst aus dem Sumpf gezogen. Die Medienpräsenz war damals natürlich weit weniger stark entwickelt als heute. Auf die Initiative von Colin Chapmans Lotus-Team „erlaubte" die FIA Zigaretten-Werbung. Nach dieser sensationellen Entscheidung bestimmten die Tabakmultis Marlboro und British Tobacco die Geschicke der neuen Formel-1-Epoche. Das heute etwa zwei Milliarden Dollar schwere Formel-1-Geschäft funktioniert nur deshalb so gut, weil alle Beteiligten dabei prächtig verdienen.
Warum sollte das nicht auch der europäischen Race-Truck-Szene gelingen? Als Nachfolger der Formel-1-lastigen Zigarettenwerbung bietet sich der immense Werbetopf der Mobilfunknetzbetreiber und der Internetfirmen an. Hier steht massiv Werbegeld zur Verfügung, sofern die Agentur und die Fernsehanstalten vom Werbewert der Rennserie überzeugt sind. Mit zehn Super-Race-Trucks geht das nicht. Mindestens 20 feste Starter

Der schwarze Sisu von Daniel Landa ist mit 1100 PS bestens motorisiert.

Man sieht ihm die Schnelligkeit nicht an. MAN 19.403 von Fabien Calvet, ca.1050 PS.

Frankie Vojtisek ist mit seinem Skoda immer für einen Sieg in der Race-Truck-Klasse gut. Amerikanischer 6-Zylinder Detroit-Diesel-Motor mit gut 1050 PS.

Igor Konovalov vertritt mit seinem weißen Sisu erfolgreich die Fahne Russlands

Nationale Race-Klassen sind immer stark besetzt, weil das Reglement nur seriennahe Renntrucks zulässt. Vorne ein französischer Phoenix-MAN, der bei Bickel Tuning gebaut wurde.

Der tolle Einsatz von Harri Luostarinen in seinem schwarzen CAT kann die Lücken im Startfeld genau so wenig füllen, wie der mutige Stan Matejovsky in seinem rot-silbernen Tatra-MAN-Hauber. Das Startfeld der Super-Race-Trucks ist schlicht zu dünn für die Fernsehkameras und auch für die Zuschauer. Ein Feld von gerade mal 10 Wagen – das ist bei allem Respekt vor den Fahrern und Teams, die alle ihr Bestes geben, einfach zu schmale Kost. 1994 waren noch 21 Super-Race-Trucks beim Nürburgring Truck Grand Prix am Start . Die Zuschauer, Fernsehanstalten und die Marketing-Leute fragen sich zu recht: Wo bleiben Scania, Volvo, Fiat-Iveco, Renault, Sisu oder die Japaner mit Nissan oder Mitsubishi? Warum beteiligen sich die russischen ZIL, Kamaz oder die Skodas nicht an den Super-Race-Truck Rennen, obwohl sie bei Internationalen Offroad-Rennen voll dabei sind und auch gewinnen? Meist ist die Erklärung der Werbefachleute dann ganz einfach:

1. Ohne garantierte TV-/Medienpräsenz lohnt der Aufwand nicht
2. Das Reglement ist zu kompliziert und kostspielig

Herzhaft geknutscht. Rempeleien sind zur Freude der Zuschauer und zum Ärger der Mechaniker das Salz in der Suppe des Europa Cups. Fritz Kreutzpointner gelang 1999 endlich der große Wurf: er wurde absolut verdienter Europameister.

Im internationalen Rennsport zählt nur eins: Medienpräsenz. Nichts ist so wertvoll, wie die Liveübertragung in den weltweiten Fernsehkanälen. Sportereignisse „just in time". Dafür investiert der wirtschaftlich momentan recht angeschlagene Fiat-Konzern gut 600 Millionen DM pro Jahr in sein Ferrari Formel-1-Engagement, und auch DaimlerChrysler ist mit wenigstens 350 Millionen beim McLaren-Mercedes Team in der Pflicht. Das viele Geld ist gut angelegt, denn eines muss man dem Formel-1-Rennzirkus lassen: die Welt hockt an der Glotze, auch wenn der sportliche Wert dieser Rennen oft äußerst dürftig ist, weil Überholmanöver fast nicht mehr stattfinden. Dennoch: mehr als 300 Millionen Fans schauen sich weltweit im 14-Tage-Rhythmus Schumi und Kollegen am Bildschirm an. Ein bislang unaufhörlich boomender Werbemarkt, der noch längst nicht den Zenit erreicht hat.

Warum ignoriert das öffentliche und auch private Fernsehen die Europameisterschaft der Renntrucks? Das Problem liegt nicht nur in den Querelen mit Bernie Ecclestone. Mangelhafte Medienpräsenz ist das generelle Problem der europäischen Race Truck-Meisterschaft und anderen Rennserien. Weder „auto, motor & sport" noch „Auto Bild" leisten sich einen Reporter für die komplette Meisterschaft. Die reinen Motorsportzeitschriften wie „sport auto", „rallye racing" oder „Motorsport aktuell" berichten nur in Kurzform über die Renntrucks. Da nimmt es nicht Wunder, wenn sich die Teamleiter bohrenden Fragen der Geschäftsleitung stellen müssen: Wie steht unser Engagement im Markt, wie ist die Rendite unserer Investitionen?

Ohne adäquate Fernsehpräsenz verdrücken sich die treuesten Sponsoren klammheimlich aus der Szene, und den Herstellern ist es nicht zu verdenken, wenn sie im stillen Kämmerlein oder auch laut ihre Meinung kundtun, und die lautet im Jahr 2000: der ewige Zweikampf MAN gegen Mercedes reicht nicht aus, um eine so teure und hochkarätige Meisterschaft am Leben zu erhalten. Mit dem Abgang von DAF Ende 1999 ist für Marketing-Spezialisten jenes Vakuum entstanden, das auch anderen europäischen Rennserien wie der alten DTM, der ITC und dem STW-Cup, die Deutschlands bekanntester Tourenwagenpilot Klaus Ludwig schon mal als „Taxi-Meisterschaft" bezeichnet hatte, den Garaus gemacht hat. Der bescheidene Erfolg der FIA-GT-Serie ist das beste Beispiel dafür, dass sich die Kosten einer zweiten Rennserie neben der irrsinnig teuren Formel 1 in Grenzen halten müssen. Die neue DTM 2000 Renntourenwagen-Serie mit den Mercedes CLK V8, Opel Astra V8 und Audi TT-R hat auf Anhieb die Fernsehrechte an ARD und ZDF verkaufen können, obwohl noch keinesfalls feststeht, ob sich diese neue, interessante Rennserie mit nur 18 Teilnehmern auf Dauer etablieren wird. Die Super-Race-Trucks bewegen sich genau auf diesem schmalen Grad: aufsteigen oder abstürzen.

Brechend volle Tribünen beim Truck Grand Prix auf dem Nürburgring. Lutz Bernau/MAN sieht in seinem Rückspiegel seinen ewigen Rivalen Heinz-Werner Lenz/Mercedes großformatig auftauchen…

Anklopfen, breitmachen, Ideallinie verteidigen.

Zuschauer mit schwachen Nerven sollten wegsehen, hier sind gestandene Männer an der Arbeit …

Alles paletti bis zur nächsten Kurve, dann beginnt der Kampf um die Nummer 1 bei den Race Trucks aufs Neue, denn gewinnen kann nur der bessere Taktiker.

Ewiger Pechvogel:
Stefano Buttiero und sein 1400 PS starker Mercedes V6 Super Race Truck

müssten garantiert sein. Nach Lage der Dinge ist das nur über die Race-Truck-Klasse möglich.

Die neue Race-Truck-Klasse müsste zwischen den weitestgehend serienverwandten Race-Trucks und den Super-Race-Trucks angesiedelt sein. Mit einem etwas freizügigeren Reglement könnte man die immer noch relativ preiswerten Race-Trucks auf gut 1000 PS trimmen. Die 1300 bis 1400 PS starken Super-Race-Trucks kosten einfach zu viel Geld, weil das Reglement tiefgreifende Änderungen gegenüber den Race-Trucks zulässt. Beschleunigung, Kurvengeschwindigkeit und Topspeed würden bei den neuen 1000-PS-Renntrucks nur geringfügig schlechter sein als bei den derzeitigen Super-Race-Trucks. Die Kostenexplosion der Super-Race-Trucks resultiert aus dem „teuren“ Reglement für diese Klasse. Weil auf der Chassis- und Fahrwerksseite fast alles erlaubt ist, wird hier so tiefgreifend modifiziert, dass nur noch optisch ein seriennaher Eindruck entsteht. Schaut man den Mechanikern auf die Finger, fällt auf, dass bei einigen Super-Race-Trucks die teuren Motoren im Akkord gewechselt werden müssen, während andere Teams wie Harri Luostarinens Caterpillar fast mit nur einem Motor die ganze Saison bestreiten. Mit einem

truckdrive
TEINERTEAM
7
Continental
V.ORLANDI
ZF
ZF

leicht geänderten technischen Regelwerk und etwas weniger Leistung würden die Super-Race-Trucks zuverlässiger und kostengünstiger laufen, ohne dass die Spannung nachlassen würde. Ganz im Gegenteil.
Der Vergleich zwischen einem High-tech Formel-1-Rennwagen und dem nicht weniger schnellen Low-tech Champ-Car-Rennwagen drängt sich auf. Die amerikanischen Monoposti kosten nicht einmal ein Zehntel im Vergleich zu den astronomisch teuren Formel-1-Boliden, obwohl PS-Leistung und Speed ganz ähnlich sind. Champ-Car-Rennmotoren sind käufliche Triebwerke von Honda, Ford, Mercedes oder Toyota. Deshalb kann sich in den USA jeder einigermaßen liquide Rennstallbesitzer ein Champ-Car-Rennteam erlauben. Derzeit gibt es 156 startberechtigte Rennwagen solcher Art und deren 109 für die technisch nochmals simplere und preiswertere IRL-Serie. Beim Indy 500 fahren 99 Wagen um die Qualifikation für die 33 Startplätze. Das spricht eindeutig für ein einfaches, zuschauerfreundliches und kostengünstiges Reglement, wie es auch bei den NASCAR Stock Cars seit Jahrzehnten mit größtem Erfolg praktiziert wird.
Bei einem Starterfeld von 20 bis 25 neuen Race Trucks würde jene drangvolle Enge entstehen, die nicht zuletzt den Reiz der Truck-Rennen ausmacht. Bei amerikanischen Ovalrennen starten 33 Renntrucks auf einer nur 400 Meter langen Sandpiste, und es wird ständig überholt. Dieses Brechstangen-Fahren gefällt jedem Zuschauer, und den Kameraleuten noch viel mehr. Rennsport muss nur eins sein: spannende Unterhaltung. Das beste Rezept dafür sind immer noch prallvolle Starterfelder.

Schrammten haarscharf am großen Durchbruch vorbei. Die zwei bildschönen DAF SRT-II, die Gerd Körber für sich und Alain Ferté aufgebaut hatte. DAF zog sich Ende 1999 leider vom Rennsport zurück.

Den absolut talentierten Privatfahrern Noël Crozier, oben, und Chris Tucker wuchsen die immensen Kosten ihrer Race Trucks über den Kopf. Sie mussten pausieren.
Das große Bild zeigt Antonio Albacete/MAN 18.423 FT im Drift hinter Markus Oestreich/Mercedes Atego.

CEPSA
TRANS CLUB
CEPSA
CEPSA
TRANS CLUB
YTONG
ental
ARAG
YTONG
KNORR BREMSE

ACTROS

Am Nürburgring versteht man zu feiern. Lutz Bernau, im schwarzen Overall, hatte diesmal die Nase vorne. Links der dreifache Europameister in der Race-Truck-Klasse Heinz-Werner Lenz, und rechts im weißen Overall Skoda-Werksfahrer Frankie Vojtisek

Ohne Speedcontroller würden schon die relativ seriennahen Race Trucks statt der erlaubten 160 km/h Höchstgeschwindigkeit locker 185 km/h erreichen. Vorne der schnelle Franzose Fabien, Calvet/MAN 19.414, dann Heinz-Werner Lenz/Mercedes 1838-S, dahinter Frankie Vojtisek im weissen Skoda Xena-400 und Lutz Bernau mit dem selbstaufgebauten MAN 19.414.

So funktioniert ein Renntruck

Ohne feste Regeln kommt die Menschheit arg ins Schleudern. Nichts anderes gilt für den Motorsport – hier brauchen wir allerdings ein Reglement, das nicht zuletzt für Chancengleichheit sorgt. Keine Angst, es soll nun nicht das umfangreiche Reglement der FIA-Europameisterschaft für Race-Trucks und Super-Race-Trucks erklärt werden. Wir beschränken uns auf die interessanten Details dieser beiden Klassen.
Warum starten zwei Klassen bei der Europameisterschaft? Die serienähnlichen Race-Trucks sind im weitesten Sinn technische verbesserte Serienfahrzeuge. Die Rennstall-Besitzer sind semi-professionelle Geschäftsleute oder auch Amateure reinsten Wassers. Die Fahrer dieser Klasse betrachten den Europacup als willkommene Gelegenheit, aufregende Rennen zu bestreiten und damit wenigstens die Kosten für den Einsatz über die persönlichen Sponsoren und Preisgelder hereinzuholen. Lutz Bernau zahlt die Rennen um die Europameisterschaft fast ganz aus eigener Kasse und meint zur finanziellen Situation für sich und seine Kollegen: „Es ist ein tolles Hobby, aber reich werden kann davon keiner. Ganz im Gegenteil bedeutet ein Unfall mit Totalschaden oft schon das Ende der Karriere. Irgendwie schaffen es die meisten doch wieder, auf die Beine zu kommen, und dann will man wieder Rennen fahren und das Spiel fängt von Neuem an."
Damit die Kosten nicht ins Weltall schießen, sind bei den seriennahen Race-Trucks tiefgreifende Chassisänderungen, wie ein verwindungssteifer Rohrrahmen, nicht erlaubt. Die Position von Motor und Getriebe muss der Serie weitestgehend entsprechen. Somit sind Hilfsrah-

Aerodynamisch optimal verfeinerte, weil extrem niedrige und runde Front des DAF Super-Race-Trucks, Startnr. 9. Der Mercedes Atego von Steve Parrish, Startnr. 6, bietet durch die höhere Karosse etwas mehr Luftwiderstand, dafür stecken mehr PS unter der Haube. Harri Luostarinens schwarzer CAT-TRD Hauber wurde mit umfangreichen Kohlefaserteilen sowohl in der Form wie im Gewicht und der Schwerpunktlage optimal modifiziert. Links ein fast serienmässiger Volvo, der in der nationalen französischen Meisterschaft fährt.

Wassergekühlte Scheibenbremsen sind ein Muss für die Super-Race-Truck-Klasse. Drei je 40 Liter fassende Tanks hinter der Hinterachse beim Mercedes Atego. Um Gewicht zu sparen, reduzieren die Fahrer je nach Streckencharakter die Füllmenge des Wasservorrats in den Tanks.

Noch tiefer liegt der Schwerpunkt der beiden Wassertanks beim DAF SRT-II. Der Bremsdruck und die Bremskraftverteilung zwischen Vorder- und Hinterachse kann vom Fahrer über ein Stellrad während des Rennens variiert werden. Antiblockiersysteme sind nicht erlaubt.

Mit vier Edelstahltanks ist der fünf Tonnen schwere CAT-TRD vom britischen Chris Hodge Team bestückt.
Im Kontrast zu den Kollegen vertraut man hier auf eine Position zwischen den Achsen.

Die meisten Reifenschäden entstehen durch eine vorausgegangene Feindberührung. Continental beliefert alle Spitzenfahrer mit seinem Rennreifen.

Schwere Arbeit mit Gefühl: obligatorischer Reifenwechsel

yres for motorsport
Continental
Continental
10 Years
truck-racing
RESTAURANT

Im Skoda Race Truck von Frankie Vojtisek arbeitet der amerikanische 6-Zylinder-Reihenmmotor von Detroit-Diesel mit 12.150 ccm und ca. 980 PS.

Kompakter DAF Super-Race-Truck, 6-Zylinder-Reihenmotor. 12.000 ccm, ca. 1300 PS. Der Motor stammt aus der XF 95 Baureihe.

Kurzbauender Mercedes V6-Rennmotor. Basis OM 501 LA. Einziger V6 im Feld der Reihen-6 Zylinder. Doppelturbolader, Einspritzung über ein Pumpe-Leitung-Düse-System. 24 Ventile. Leistung ca. 1400 PS.

Der MAN Reihen-6-Zylinder vom Typ D 2866 sieht unscheinbar aus, ist aber ein echter Siegertyp. Knapp 1400 PS Leistung, 24 Ventile, klassische Hubschieber-Reiheneinspritzpumpe. Das reichte zum überlegenen Gewinn der Europameisterschaft 1999.

David Atkins. Das erfolgreichste Super-Race-Truck-Team aller Zeiten wechselt in knapp 45 Minuten den Mercedes V6-Motor, Bild unten, von Steve Parrish.

„Begehbarer" Motorraum am neuen Mercedes Atego. Der fällige Motorwechsel bedeutet schweißtreibende Akkordarbeit für die Mechaniker.

men, das Absenken der Antriebseinheit oder z.B. ein automatisches Getriebe kombiniert mit einem Rennmotor von Caterpillar in einem Mercedes Race-Truck nicht erlaubt. Der Hubraum ist in dieser seriennahen Klasse freigestellt. Die MAN Race-Trucks vom Typ 19.403 sind mit einem Sechszylinder- Reihenmotor mit 11.967 ccm und Vierventil-Technik ausgerüstet. Dieser bewährte Motor gibt in Rennausführung etwa 970 PS ab. Der Hubraum liegt zwischen 12.000 und 16.800 ccm. Über einen Lufteinlass-Begrenzer wird die Chancengleich verschieden großer Motoren Jahr für Jahr neu geregelt.

Die schnellsten Race-Trucks sind sämtlich knapp unter 1000 PS stark. Das Mindestgewicht beträgt 5800 Kilo und gebremst wird nur mit den vorgeschriebenen Trommelbremsen. Ähnlich wie bei der Formel 1 sind elektronische Bremshilfen wie ABS oder Antischlupfregelungen verboten. Eine Regelung, die zum heutigen Stand der Technik absolut konträr verläuft, andererseits auch älteren Race-Trucks den Zugang zur Europameisterschaft ermöglicht. Das Seriengetriebe mit 16 Gangstufen muss per Hand geschaltet werden. Ein rennfertiger Race-Truck stellt einen Wert von etwa 155.000 DM dar. Spitzenwagen werden nicht unter 200.000 Mark gehandelt. Neben der Europameisterschaft gibt es in Frankreich und England besonders stark besetzte nationale Meisterschaften, die nicht weniger interessante und kampfbetonte Rennen bieten, wie die Läufe um den Europa-Cup. Bei den nationalen Klassen sind auch ältere Trucks am Start, die dem Nachwuchs den billigsten Einstieg in die Truck Racing-Szene ermöglichen.

Die Super-Race-Trucks

Hier sind die Profis unter sich. Die Super-Race-Trucks sind mehr oder minder Einzelanfertigungen oder Prototypen. Erlaubt ist fast alles, was gut und teuer ist und zu mehr Leistung verhilft. Mit einem Minimalgewicht von 5000 kg holen die besten Ingenieure aus den vorgeschriebenen 12.000 ccm Hubraum bis zu 1400 PS heraus. Zwei luft- bzw. wassergekühlte Turbolader sorgen für Dampf in allen Lagen. Das brachiale Drehmonent von mindestens 4800 Nm wird über ein Fünfgang-Automatikgetriebe von ZF mit Tippschaltern am Lenkrad geschaltet. Der Serienmotor hat fast nur halb so viel Drehmoment! Die Gänge rauf schaltet am besten die Automatik, runter gehts per Tippschalter am Schnellsten. Das gleiche ZF-Ecomatic-HP 600 Automatikgetriebe wird übrigens seit Jahren bei Stadtbussen eingesetzt.

Gebremst wird mit wassergekühlten Schwimmsattel-Scheibenbremsen von Knorr. Die Bremskraftverteilung zwischen Vorder- und Hinterrädern und die absolut not-

Basis für alle Rennmotoren sind Serienmotorblöcke wie dieser kompakte amerikanische Detroit V8-Diesel, Schnittzeichnungen oben und rechts. In der Serie 560 PS im Renntrimm bis zu 1400 PS.

Die Umrüstung auf Vierventiltechnik, Pumpe-Leitung-Düse-System, Doppelturbo-Aufladung und andere kostspielige Maßnahmen sind heute notwendig, um in der Super-Race-Klasse vorne mitzufahren.

Siegertyp: MAN Super-Race-Truck mit 1400 PS. Deutlich erkennbar die beiden Turbolader, die zusätzliche Kühleinrichtung und die weiter nach hinten versetzte Position des 6-Zylinder-Reihenmotors.

Renntaugliches ZF-Ecomat Automatikgetriebe. Ursprünglich für Stadtbusse entwickelt, fahren heute alle europäischen Super-Race-Trucks damit. Hochschalten der fünf Gänge per Automatik, runterschalten mit dem Tippschalter am Lenkrad.

Der fünfache Europameister Steve Parrish
hat über Funk ständigen Kontakt zur Boxencrew.

Die Spitzenteams wechseln die Bremsbeläge
meist nach jedem Rennen.

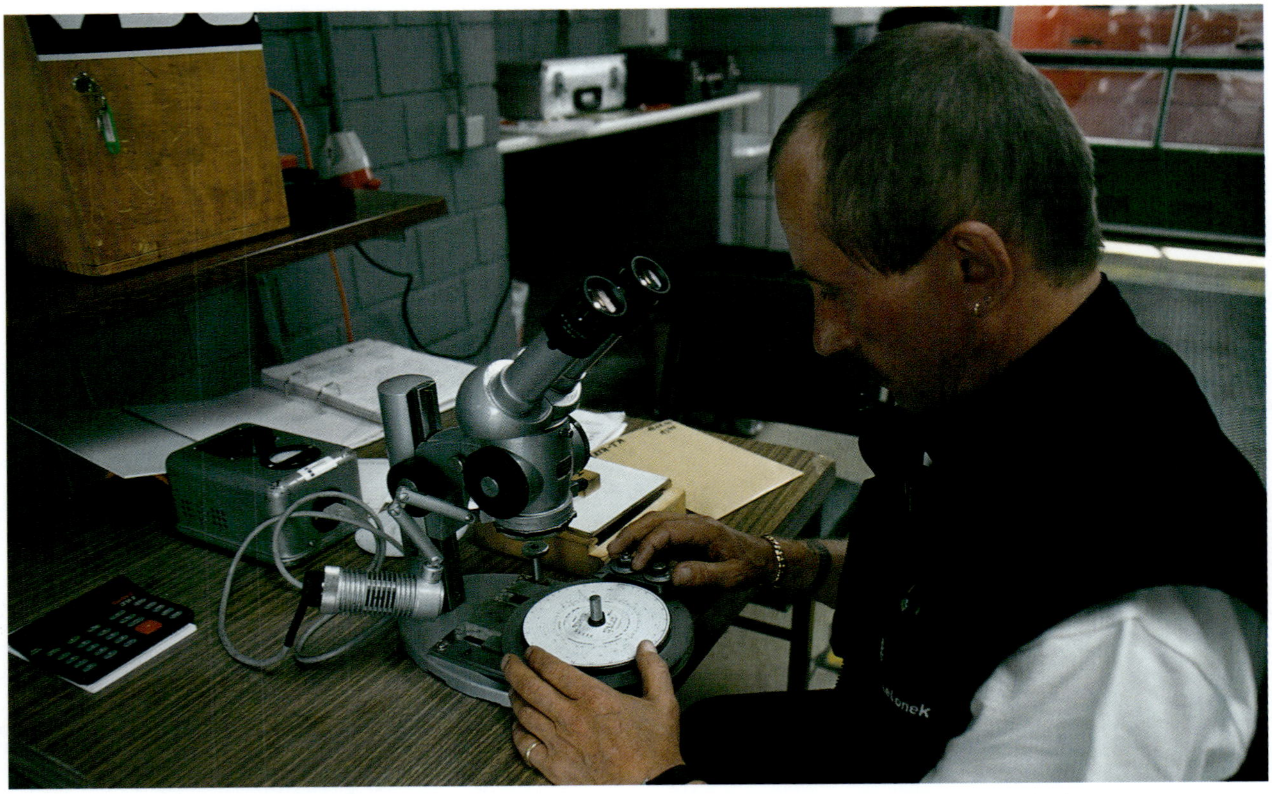

Der Moment der Wahrheit. Das Tachoblatt wird nach jedem Lauf kontrolliert. Das Speedlimit von 160 km/h muss eingehalten werden, sonst wird das Team mit deutlich spürbaren Strafen belegt.

Arbeitsplatz im Super-Race-Truck. Motto: in erster Linie funktionell, in zweiter Linie praktikabel.

Heißer Sitz. Frankie Vojtisek im Skoda 400 Xeha. Das Cockpit darf in der Race-Truck-Klasse nur wenig modifiziert werden.

Gemütlicher Plausch? Der Eindruck täuscht. Keiner muss während der Rennsaison so hart arbeiten wie die Boxenmannschaft. Im Bild Antonio Albacetes Mechaniker.

wendige Wasserkühlung der Bremsen regelt der Fahrer mit Stellrädern vom Fahrersitz aus während des Rennens. In der Praxis entscheidet diese Bremskraftregelung oft über Sieg oder Niederlage bei rutschiger Fahrbahn. Doch damit nicht genug; das Reglement erlaubt auch eine Verstellung der Stabilisatoren durch kleine Stellmotoren vom Cockpit aus. Damit erreicht der Fahrer eine härtere oder weichere Fahrwerksabstimmung. Über ein elektronisches Telemetrie-System, besser bekannt als Black Box, werden alle relevanten Daten von Motor, Chassis, Geschwindigkeit und Bremsen aufgezeichnet und nach jedem Trainingslauf und Rennen ausgewertet. Ein ständiger Datentransfer zwischen der Black Box im Truck und der Boxenmannschaft ist nicht erlaubt.
Wie schnell beschleunigt der 1999 siegreiche MAN Super-Race-Truck von Europameister Fritz Kreutzpointner? Die Ingenieure von MAN kamen auf folgenden Wert: von 40 km/h auf 160 km/h in 6,0 Sekunden. Eine phantastische Leistung, die zeigt, dass ein Super-Race-Truck ohne die vorgeschriebene, abgeregelte Höchstgeschwindigkeit von 160 km/h mit mindestens 230 km/h auf der Rennstrecke unterwegs sein müsste. Die 160-km/h-Topspeed-Begrenzung wird in beiden Rennklassen per Tachoscheibe und Lichtschranken der Zeitnahme fortlaufend überprüft. Wer zum ersten Mal schneller als 160 km/h fährt, erhält 10 Sekunden Zeitstrafe. Beim zweiten Mal sind es 20 Sekunden Zeitstrafe, beim dritten Mal 30 Sekunden, beim vierten Mal erfolgt der Ausschluss vom Rennen. Wer mit 170 km/h unterwegs ist, wird disqualifiziert. Bei betrügerischen Manipulationen an der Tachoscheibe wird eine Sperre von bis zu 18 Monaten verhängt. Ein bekannter tschechischer Fahrer der kleineren Klasse wurde 1999 für 18 Monate gesperrt, weil er das Tachoscheiben-Aufzeichnungsgerät so manipuliert hatte, dass die maximal erlaubte Höchstgeschwindigkeit von 160 km/h kurzfristig überschritten werden konnte, ohne dass es die Kommissare bei der Kontrolle gleich bemerkten. Ein klarer Fall von Betrug.

Dinosaurier am Limit. In England und Frankreich sind die schweren amerikanischen Hauber mit bis zu 18.500 ccm Hubraum zur Freude der begeisterten Zuschauer immer noch startberechtigt, obwohl sie kaum noch Aussichten auf den Sieg haben.

BTRA
British Truck Racing Association
DAVE JENKINS
KIENZLE
69
VDO
CITY BRAKES
STOKE ON TRENT LTD
STONE CAR & TRUCK CENTRE

Fritz Kreutzpointner

Mit dem überlegenen Gewinn der Europameisterschaft verabschiedete sich Fritz K. – wie er allenthalben genannt wird – 1999 vom Motorsport. Nur auf Zeit, hoffen alle seine Fans und Gegner, denn Fritz ist nicht nur sauschnell, er ist mit Abstand der sympathischste Bayer im Renngeschäft. In seiner langen Karriere fuhr er bis auf Formel-1-Rennwagen so ziemlich alles, was einen heißen Reifen garantiert. Die gut 700 PS starken Sauber-Mercedes Gruppe-C-Sportwagen beim 24-Stunden-Rennen von Le Mans zum Beispiel, die auch einem Schumi die Schweißperlen ins Gesicht trieben. Fritz K. war im Mercedes Junior Team oft eindeutig schneller als Karl Wendlinger oder Michael Schumacher. Jeder Rennfahrer hat seine Stärken und Schwächen. Im Super-Race-Truck überzeugte Fritz K. in den letzten drei Jahren durch seine Cleverness und jenen Killerinstinkt, mit dem man ebenbürtige Gegner besiegt. Solche Fahrer braucht das Land.

DIE STARS DER MANEGE

Wer ist der Schnellste der Schnellen?
Wer fährt wirklich am absoluten Limit?
Für die Fans ist die Antwort klar: der schnelle Gerd, der Harri und der Fritz. Selbst eingeschworenen Formel-1-Fans bleibt die Spucke weg, wenn sie die Ausbremsduelle der schnellsten Renntrucker beobachten. Da passt kein Handtuch zwischen zwei Wagen. Hier wird mit allen Tricks gefightet, bis einer nachgibt. Die Stars der Race-Truck-Szene sind Menschen wie du und ich. Keiner flüchtet sich wie eine aufgeschreckte Jungfrau ins hermetisch abgesicherte VIP-Mobil, wenn es die Massen zu gut mit einem meinen. Kein leichter Job am Nürburgring, wenn über 200.000 Fans das für jedermann offene Fahrerlager im Handstreich einnehmen.

Steve Parrish

Wer einen original britischen Gentleman erleben möchte – hier ist er. Mr. Steve Parrish, fünffacher Truck-Race-Europameister. Der Mann hat erstklassige Manieren, obwohl er sein erstes Geld schon 1975 bei Motorradrennen verdiente. Schrauben ohne Ende und dennoch Haltung bewahren. Steve hat die richtige Balance zwischen Privatleben und Business im Griff. Auf der Rennstrecke kennt Mr. Parrish kein Pardon. Wo eine Lücke ist, füllt er sie aus. Das Gewinnen fällt ihm in den letzten Jahren etwas schwerer, weil sein Mercedes Atego Super-Race-Truck leichte Fahrwerksschwächen gegenüber den wieder erstarkten MAN und dem phantastisch schnellen CAT von Harri Luostarinen erkennen lässt.

Gerd Körber

Am schnellen Gerd scheiden sich die Geister. Die weiblichen Fans sind begeistert von seinen leuchtend blauen Augen und seinem geradezu erdrückend männlichen Charme. Der Rheinauer könnte als smarter Sonnyboy jederzeit die Hauptrolle in einer Soap Opera abgeben. Die männlichen Rennfans sehen in ihm mehr den knallharten Fighter, der bis zum letzten Meter kämpft und auch mit unterlegenem Material schon viele Rennen gewann. 1991 zog er seine erste Europameisterschaft an Land. Sein Temperament ließ ihn allerdings schon häufig stolpern, weil so mancher sichere Sieg oder erstklassige Platzierung flöten ging, weil erst nach der Ziellinie abgerechnet wird. Für seine Fans ist Gerd der absolute Superstar. Mit dem Wechsel von DAF zu MAN und dem neuen Sponsor Hasseröder ist Gerd nun wieder einer der aussichtsreichsten Kandidaten für den Gewinn der Europameisterschaft. Wie schätzen seine Gegner ihn ein? „Kein anderer Fahrer verkörpert den Truck-Rennsport so ideal wie Gerd Körber. Sowohl als Fahrer wie auch als Geschäftsmann“, meint der Werbechef eines Konkurrenten, und der muss es wissen.

Harri Luostarinen

Die schnellsten Querfahrer kommen immer noch aus dem hohen Norden. Harri steuert seinem schwarzen Caterpillar beim Ausbremsduell selten auf der Ideallinie. 1993 und 1997 ließ er in der Europameisterschaft der Super-Race-Trucks alle hinter sich, und 1998 hatte nur der Franzose Ludovic Faure in der Endabrechnung die Nase vorn. Fritz K. meinte einmal: „Wenn Harri vorne ist, beißt sich jeder andere Fahrer die Zähne an ihm aus, wenn er mit optimalem Material unterwegs ist.“ Umgekehrt sieht es ähnlich aus. Wer nachgibt, kann bei den Super-Race-Trucks keinen Blumentopf gewinnen. Harri ist ein freundlicher Mensch, der nur ein kleines Problem hat: Deutsch versteht er nur in groben Zügen, und deshalb bleibt er der sympathische Außenseiter im Kreis der Werksfahrer von Mercedes und MAN. Die Fans lieben Harri, weil er das Salz in der Suppe dieser Klasse ist. Das britische Chris Hodge Truck Racing Team von Harri Luostarinen gilt zu Recht als professionellstes und erfolgreichstes halbprivates Rennteam der Meisterschaft.

Ludovic Faure

In Frankreich wird Ludovic als typisches „Produkt“ der halb staatlichen Sportförderung von Renault betrachtet. Alle bekannten französischen Grand-Prix-Piloten stießen sich erst in der Formel Renault und dann in der Formel 3 die Hörner ab. Ludovic gewann in beiden hart umkämpften Klassen die Meisterschaft. In der Formel 3 war Ludovic Faure sogar Europameister. An sich der ideale Absprung ins Formel-1-Cockpit. Faure: „Es war kein Platz frei, und kein Pilot kann es sich leisten, auf ein Wunder zu hoffen, deshalb fuhr ich alles, was Geld einbrachte.“ Für das Dehnhardt Esso-Tiger Team gewann Ludovic Faure 1998 vedient die Europameisterschaft beim letzten Lauf in Jarama/Spanien. Der gut aussehende Franzose ist ein kühler Taktiker mit dem nötigen Biss für Siege. Viele halten ihn für den besten Mann im derzeitigen Mercedes-Geschwader.

Alain Ferté
Im DAF SRT-II Super-Race-Truck zeigte der drahtige Franzose 1999, welche fahrerischen Qualitäten in ihm schlummern: Der steckt nicht zurück, der bleibt voll drauf. Das Publikum liebt solche Fahrer. Zum Punktesammeln ist Ankommen in den vorderen Plätzen oft wichtiger als ein Sieg, der auf Biegen und Brechen herausgefahren wurde. Dennoch, Alain Ferté ist auf seinem neuen MAN für viele Beobachter und natürlich seine Fans ein ganz heißer Anwärter auf den Gewinn des Europa-Cups. Bislang stand Alain Ferté etwas im Schatten von Gerd Körber oder Fritz Kreutzpointner. Damit ist jetzt Schluss. Zügelt Alain etwas sein mitunter überschäumendes Temperament, wird er in der Endabrechnung ganz vorne sein.

Markus Oestreich

Weshalb der etwas publikumsscheue, aber ungemein sympathische Markus Oestreich immer noch nicht Europameister geworden ist, versteht wohl niemand so recht. Markus ist ein ganz heißer Fighter und auf regennasser Piste tierisch schnell. 1993 wurde er Vize-Europameister, und zwischen 1995 und 1999 drei Mal Dritter bei den Super-Race-Trucks. Irgendwann steht Markus ganz oben auf dem Treppchen am Ende der Saison, und alle anderen Fahrer würden ihm diesen Erfolg gönnen, denn Markus ist ein ganz zäher Kerl, der bis zum letzten Meter kämpft. Die Kollegen aus dem MAN-Lager halten Markus für den schnellsten Mercedes-Fahrer, der zudem regelmäßig punktet, wenn auf der Rennstrecke das Chaos ausbricht. Für das DKV-Team von Georg Mekle ist Markus Oestreich eine sichere Investition in die Zukunft.

Heinz-Werner Lenz
Schade, dass Heinz-Werner kein Schwabe ist. Ein echt schwäbisches „Cleverle", obwohl Heinz in Neuwied zu Hause ist. Der Mann versteht eine Menge von Marketing in eigener Person. Jeder Fan wird ernst genommen. Geduldig hört er sich auch die hundertste Frage an, gibt Unmengen von Autogrammen und bleibt auch dann noch ein freundlicher Mensch, wenn ihn ein schon leicht angetrunkener Zeitgenosse nach einem Bier fragt. Auf der Rennstrecke kennt Heinz-Werner dagegen kein Pardon. Stoßstange an Stoßstange mit dem Gegner, am liebsten mit einem MAN. Der dreifache Europameister in der Race-Klasse würde mit Sicherheit auch bei den Super-Race-Trucks ganz vorne mitfahren, denn das von seiner Frau geleitete Team dürfte das professionellste private Rennteam der Race-Truck-Klasse sein.

Markus Bösiger

Der Schweizer Markus Bösiger fuhr viele Jahre lang erfolgreich in der Motorrad-Seitenwagen-Weltmeisterschaft mit und belegte dort 1995 den dritten Rang in der WM. Der Einstieg in den MAN Super-Race-Truck war 1999 eine schwierige Geburt. Markus: „Ich musste unglaublich viel dazulernen, und dieser Lernprozess wird mich schon noch eine ganze Weile in Atem halten." Am Ende der Saison fuhr der bescheidene Eidgenosse beim Einladungsrennen von Kapstadt/Südafrika ein hervorragendes Rennen und hätte um ein Haar gewonnen. Fritz K. schnappte ihm den Sieg dann doch noch auf den letzten Metern weg. Markus ist kein Mann der lauten Worte. In nächster Zeit wird man ganz sicher mit besseren Platzierungen rechnen können als im Lehrjahr 1999. Das beweisen die ersten Rennen der Saison 2000. In Valencia reichte es sogar zur Qualifikations-Bestzeit. Keine Frage: Markus Bösiger ist auf dem Weg an die Spitze.

Lutz Bernau

„Bei Lutz hat´s etwas länger gedauert." Mit solchen „Komplimenten" kann man den bayrischen Haudegen aus Utting schon lange nicht mehr aus der Reserve locken. Lutz Bernau ist heute ein absoluter Siegertyp in der 25 Wagen starken Race-Klasse. Er gewann gegen seinen ewigen Mercedes-Rivalen Heinz-Werner Lenz oder Fabian Calvet und Frankie Vojtisek so wichtige Rennen wie den Truck Grand Prix 1999 auf dem Nürburgring. Seine Karriere als Rennfahrer begann in der Sahara bei der Paris-Dakar-Rallye. Dort gelang ihm 1985 ein zweiter Platz mit einem aufgemotzten MAN-Servicetruck. Mit seinem DeWalt MAN Race-Truck fuhr Lutz Bernau in den letzten drei Jahren einen wirklich heißen Reifen. Die Fans und Rennfahrer-Kollegen mögen ihn, weil Lutz immer Mensch bleibt und sich bei Bedarf auch einmal die Nacht um die Ohren schlägt, um einem anderen Fahrer bei der Reparatur seines Wagens zu helfen. Lutz Bernau verfügt über eine besonders aktive Fan-Gemeinde, die ihn zu allen Rennen begleitet.

SCHWARZ. BR
FULDA
FULDA
FULDA
FULDA
FULDA
FULDA

Am Nürburgring stimmt einfach die Atmosphäre zwischen den bis zu 200.000 Fans, die zum Truck Grand Prix in die Eifel fahren. Die Sponsoren tragen viel dazu bei, die sich um die Unterhaltung kümmern, obwohl sie selbst keine Rennreifen herstellen.

WESHALB DIE FANS TRUCK-RENNEN MÖGEN

Dabei sein ist alles. Startaufstellung zum Go & Stop Wettbewerb für die Trucker-Gemeinde auf der Zielgeraden. Für Fernsehteams sind Familienszenen von Fritz K. und Kollegen mindestens so wichtig, wie das eigentliche Rennen.

TCH Truck Racing Team
TRUCK
ABBRUCH-TIEFBAU-TRANSPORTE
SIMON-NÜMBRECHT
FISCHER
International
MAN
707
718
744
603
706
720
709
721
HERA

Schärfer als die Polizei erlaubt? Mitnichten - nur kein Neid. Trucker haben durchaus Sinn für wohlproportionierte Formen, wie man an diesem Gemälde sieht, das wir im Fahrerlager entdeckten.

Fleißig Autogramme schreiben gehört am Nürburgring zu den Aufgaben, die Stars wie Gerd Körber gerne erledigen, obwohl sie viel Zeit beanspruchen und die Konzentration vor dem Rennen tangieren.

Selten schöner kanadischer Western Star Truck im Fahrerlager, das jedes Jahr neue Highlights präsentiert. Sicher mit einer der Gründe für die Popularität, die von diesem Rennen ausgeht.

Jeder Rennveranstalter würde sich eine ähnlich treue Fan-Gemeinde wünschen, wie es am Nürburgring der Fall ist.

Truck- Fans beweisen, dass eine Großveranstaltung auch ohne Randale friedlich und kameradschaftlich durchgeführt werden kann.

1994 wurde der sympathische „Wikinger“ Boije Ovebrink noch Europameister in der Race-Truck-Klasse. Bei den Super-Race-Trucks hängt für ihn die Latte höher.

Mit einem stilistisch tollen Stand fällt das tschechische Sisu Team um den zweifachen Race-Truck-Europameister Martin Koloc in jedem Fahrerlager auf.

Perfektes Outfit auch beim Esso Tiger Team von Klaus Dehnhardt. Mit dem Mercedes Atego Super-Race-Truck gewann Ludovic Faure die Europameisterschaft 1998.

Vier-Sterne-Hotel oder 20 Jahre alter Wohnwagen? Nicht wenige private Teams in der Race-Truck-Klasse müssen den Rennbetrieb zu fast 100% aus eigener Tasche bestreiten. Da muss eisern gespart werden.

Gigantomanie im Fahrerlager.
Das kleine DAF Werksteam verblüffte seine Fans 1999 mit einem dreigeschossigen Vip Center. Am Ende der Saison war der Ofen schon aus: kein Geld mehr für Renneinsätze.

Preiswert und effektiv: das Warsteiner Luftschiff zieht alle Blicke an.

Atlanta Speedway. Mit weitestgehend serienmäßigen Trucks fanden die ersten Truck-Rennen in den USA statt. Die Reifenindustrie warnte vor dem „selbstmörderischen Spektakel“ auf dem berühmten Ovalkurs.

Vor 20 Jahren – Das erste Truck-Rennen

Reifenschaden. Noch einmal Glück gehabt, der Überschlag blieb aus.

Das Bobtail 200-Meilen-Rennen wurde zur Top-Veranstaltung. Das Ende kam abrupt über Nacht. Der Hauptsponsor fiel aus.

Das erste Truck-Rennen der Geschichte liegt nun schon 20 Jahre zurück. Schauplatz des wilden Treibens war der Atlanta International Speedway in Georgia. Der Autor war als Reporter dabei.

Das amerikanische Verkehrsministerium sprach von einem „voraussichtlich blutigen Spektakel", und das Reifenimperium Firestone belegte die Samstagszeitungen mit ganzseitigen Anzeigen: „Alle Zuschauer, Rennfahrer und Sponsoren werden gewarnt ....Firestone-Reifen sind nicht für Lastwagen-Rennen geeignet, es besteht Lebensgefahr." Goodyear ließ eine Experten-Crew nach Atlanta einfliegen, um die Veranstalter umzustimmen. Alles war umsonst. Im Gegenteil. Nach so viel kostenloser Fernseh- und Zeitungsreklame stimmte nun die Kasse des Atlanta International Speedway in Georgia zur Freude der unerschrockenen Rennstreckenbesitzer: 40.000 Eintrittskarten erbrachte der Vorverkauf, am Renntag sammelten sich 87.680 Zuschauer um das vier Kilometer lange Asphaltoval. So viele Zuschauer hatte es seit Jahren hier nicht mehr gegeben. 162 Fotografen und Journalisten bekannten freimütig: Wir sind da, weil es aller Wahrscheinlichkeit nach zum absoluten Super-Crash der Renngeschichte kommen wird.

Unten an der Startlinie bullerten 25 amerikanische Trucks mit den Firmenemblemen von Kenworth, Peterbilt, Mack, International, Ford, General Motors, Western Star und White vor sich hin und stießen dabei immer wieder pechschwarze, dieselgeschwängerte Rauchschwaden aus ihren meterlangen verchromten Auspuffrohren.

Mit fünf EM-Titeln auf dem Konto ist die britische BP-Mannschaft von Steve Parrish/Dave Atkins immer noch das erfolgreichste Team. Das Bild zeigt den „fast unschlagbaren" Mercedes 1834-S von 1994 auf dem Nürburgring.

In den USA sorgte Jerry Malone mit seinem berühmten Bandit Super Boss Renntruck in den 80er Jahren für Schlagzeilen. Der mit einem V12-Zylinder Detroit Diesel ausgerüstete Truck lief über 350 km/h.

Das erste Truck-Rennen auf dem europäischen Festland wurde 1981 in Zandvoort/Holland gestartet. Über 100.000 Zuschauer waren begeistert, weil man erstmals freien Zugang ins Fahrerlager hatte.

Der Begriff Rußpartikelfilter war damals noch eine unbekannte Größe. Das erste Truck-Rennen der Welt würde hier mit einem fliegenden Start in wenigen Minuten über die Bühne gehen.

Zur Sicherheit der Zuschauer hatte man auf Anraten von Goodyear noch rasch die untersten zehn Tribünenreihen gesperrt. Mit dieser von vielen Fans mit Pfiffen quittierten Maßnahme konnte die Versicherungsprämie des Veranstalters um fünf Prozent gesenkt werden. Was wirklich bei einem Unfall passieren könnte, hatte die Tageszeitung Atlanta News sich von einem Physikprofessor ausrechnen lassen. Würde ein dreiachsiger, 160 km/h schneller Truck mit einem Gewicht von 4500 kg in die Streckenumrandung knallen, müssten die 20 Zentimeter dünnen Betonbegrenzungen 675.000 kg aushalten. Der Professor sah in seinen sicherlich ernsthaften Berechnungen das schlimmste Szenario voraus. Der Einschlag würde die gleichen Folgen haben „wie eine überdimensionale Bombe, mit gleichem fatalem Ausgang". Ein 250 km/h schneller, 1800 kg schwerer Stock Car würde beim Aufprall nur 230.000 kg Masse erzeugen, fügten die Atlanta News noch hinzu, und für diese Stockers sei die Sicherheit der Zuschauer gewährleistet.

„Wir stehen mit einem Bein im Gefängnis", verkündete der hörbar gestresste Streckensprecher. Dann die Nationalhymne, und 25 Trucks setzten sich zur Aufwärmrunde für den fliegenden Start in Marsch. Wie schnell dieses Rennen werden könnte, hatten die Qualifikationszeiten gezeigt. Der Trainingsschnellste Kenworth umrundete – mit einer „langen“ Hinterachse ausgerüstet – das Hochgeschwindigkeits-Oval mit sagenhaften 211,45 km/h. Ein Speedlimit von 160 km/h aus Sicherheitsgründen, daran dachten nicht einmal die Reifenhersteller. Jerry Malone saß am Steuer des schnellsten Wagens und diktierte den Journalisten ins Notizbuch: „Truck-Rennen werden bald so populär sein wie die 500 Meilen von Indianapolis, denn jeder Amerikaner ist in seinem Herzen ein echter Trucker.“ 200 Meilen lang würde das Rennen sein, ein Boxenstopp zum Tanken und zur Reifenkontrolle waren Vorschrift. 25 Laster mit astreinen Rennamateuren am Steuer. Kein Überrollkäfig, nur ein Bauchgurt und einen geliehenen Sturzhelm auf dem Kopf, runderneuerte Serienreifen auf den Felgen – selten war die Aussicht auf ein „blutiges Rennen“ größer als hier in Atlanta.

Die Renntaktik war für alle Fahrer klar: Windschattenfahren ist der Weg zum Erfolg. Also würde man auf Biegen und Brechen den „Slip Stream“ ausnutzen. Nachdem das Führungsfahrzeug nach zwei Einführungsrunden ausgeschwenkt war, gab der Starter das Rennen frei, und rund 20.000 PS röhrten mit 170 km/h und vollem Rohr die Start- und Zielgerade hinunter. Den Sound dieser „Rennwagen“ wird kein Zuschauer je vergessen. Es war, als würde die Welt von einem Erdbeben erschüttert werden.

Schon in der zweiten Runde bewahrheitet sich die Warnung der Reifenfirmen. Dem trainingsschnellsten Kenworth platzt der rechte Vorderradreifen, er trifft in einem spitzen Winkel die Streckenumrandung. Nach gut neunzig Metern steht endlich das 110.000 Dollar teure Gefährt mit abgerissener Vorderachse. Der Einschlag auf die Tribüne blieb dem geschockten Fahrer und den Zuschauern erspart. Nur das linke Knie bekam ein paar Prellungen ab. Eine Runde später zerplatzt dem nun führenden White der Motor. Später stellt der Streckensprecher fest, dass das nur ein Leihwagen gewesen sei, da wäre die Sache nur halb so ernst. Die rauen Sitten nehmen nun auch nach den ersten Eingewöhnungsrunden auf der Rennpiste zu. Hauteng aneinandergeklebt versuchen die PS-schwächeren Trucks an der Spitze dranzubleiben. Und das reicht, um ein Leistungsmanko von 100 PS auszugleichen.

„Natürlich ist die Strecke für Stock Cars gebaut, und wenn jetzt fast doppelt so breite Trucks in Dreierformation auf die nächste 180-km/h-Kurve zufliegen, wird die Rennfahrerei schon haarig“, erzählt derweil der kniegeschädigte einstige Spitzenreiter. Dann wird der Nachbar ganz sachte, aber unmissverständlich „angeschoben“. Oder man klopft mit der vorderen Stoßstange am Hinterteil des Gegners an. Da ist die Katastrophe bei Amateur-Rennfahrern nicht weit, die solche Positionskämpfe nur vom Fernsehen her kennen.

Als erster Wagen überquert ein fünfzehn Jahre alter General Motors Truck schließlich die Ziellinie. Der 25-jähri-

Schnelles Geld wollte man 1990 beim Pirelli Truck Cup in Hockenheim verdienen, doch der Erfolg blieb aus. Schlechte Werbung fürs Rennen, miese Stimmung durch zu hohe Eintrittspreise, und die berühmte Trucker-Atmosphäre wollte sich im kahlen Motordrom auch nicht einstellen. Es war das erste und letzte Truck-Rennen im Motodrom von Hockenheim.

1990 fuhr das Dehnhardt Team mit einem dreiachsigen Mercedes Truck um den Europacup, der ursprünglich für den Einsatz auf Baustellen konstruiert worden war. Abba-Drummer Slim Borgudd, oben, auf dem wuchtigen Volvo/White Hauber. Offenes Rohr ohne Rußfilter? Das war 1990 der Stand der Technik.

KNORR ABS/ASR
MAN-Originalteile
Uni-Cardan Servi
WFZ
20
TRUCK-GRAND-PRIX
1990
NÜRBURGRING
Getriebe
Lenkungen
Achsen
ZF
ISRI
SACHS
BERAL
30
ZF
30
MAN
Esso
SACHS
HOESCH
WEST COAST RACING
Mobil
Delvac Oils
4
HOLSET
MDC
PIRELLI
Mobil

Mit seinem kompakten gelben Phoenix-MAN gelang Gerd Körber 1991 der Durchbruch und Gewinn der Europameisterschaft gegen die Mercedes-Armada. Die Mercedes 1450 S waren stärker in der Motorleistung, aber schwächer auf der Bremse.

Am Ende der Saison 1993 wurde die Klasseneinteilung neu geregelt. Statt 18.500 ccm waren nur noch 12.000 ccm Hubraum bei den Super-Race-Trucks erlaubt.

ge Fahrer hat nie zuvor ein Rennen gefahren. Nur 580 PS unter der Haube reichten zum Sieg, dank ausgekochter Windschattenstrategie. 18.000 Dollar Preisgeld warten auf den Texaner, für 15.000 Dollar hat er drei Jahre vorher den Laster aus sechster Hand gekauft. Kein schlechtes Geschäft. Letztlich kamen 21 Wagen in die Wertung. Vierzehn Fahrer wechselten sich in der Führung ab, spannender kann ein Autorennen nicht sein.
Dies alles ist heute Geschichte aus grauer Vorzeit. In Europa zogen die Holländer 1985 in Zandvoort und die Engländer in Silverstone bald darauf die ersten Truck-Rennen durch. In Deutschland stand man den Race-Trucks mehr als skeptisch gegenüber. Nur der ADAC-Club Mittelrhein wagte sich vor und schrieb 1986 den ersten Truck-Grand-Prix auf dem Nürburgring aus. Die europäischen Renntrucks sind jetzt das Maß der Dinge. Heute steht auf dem einstigen Areal des Atlanta International Speedway ein riesiger Supermarkt. Neue moderne Hochgeschwindigkeits-Ovale wurden in Las Vegas, Homestead und Miami/Florida für die unglaublich populären NASCAR-Stock Cars und die CART bzw. Champ-Car-Serie erbaut. Die älteren Ovale wie Atlanta werden fast alle geschlossen, plattgemacht, und damit verlieren die klassischen Sprint Cars und auch die Renn-Trucks ihre angestammte Bühne. Heute finden die amerikanischen Truck-Rennen ausschließlich auf den kurzen Speedway-Rennstrecken oder dem Drag Strip statt.

Truck-Rennen nur zum Spaß? Schon 1990 stiegen die Kosten für private Teams in nicht vorhersehbare Dimensionen, denn auf eigenen Achsen rollten nur noch wenige Wagen zur Rennstrecke wie dieses holländische Volvo-Team. Truck Rennen wurden zum echten Profi-Rennsport-Geschäft.

Die handlichen Phönix-MAN von Gerd Körbers Firma Bickel-Tuning ließen weit stärkere Trucks wie Slim Borgudds Volvo-White, im Hintergrund, hinter sich.

Raritäten aus der Race-Truck-Klasse: Bildschöner schwarzer White R.B. Race Truck von Roy Clark von 1994.

Der Mercedes Baulaster von Heinz Dehnhardt konnte sich 1990 nicht wie erhofft an der Spitze behaupten.

Überraschend stark: der weiße Liaz 250-999 von Frankie Vojtisek beim Nürburgring-Rennen von 1994.

Renault setzte 1994 zwei werksunterstützte Super-Race-Trucks ein.
Vorne liegt Jacques Perret/Frankreich.

Der Moskauer Alexander Markin war Mitte der 90er Jahre mit seinem ZIL 4421 mit Caterpillar-Motor ein populärer Fahrer bei den Super-Race-Trucks.

In England gewannen die Leyland RT in den 90er Jahren noch viele Rennen.
Hier ist Erian Garnett am Steuer.

Tolle Kiste: Richard Walker im russsichen ZIL 4421 CAT
Prototyp vom britischen Chris Hodge Racing Team.

Chris Tucker mit seinem unverwüstlichen Ford-Louisville von 1994.
Chris beendete seine Karriere 1998 wegen der zu hohen Kosten.

Formel-1-Stars als Gastfahrer im Cockpit von Renntrucks? Diese supereffektive Promotion-Idee wurde 1994 von der FIA leider gecancelt. Hier zieht Jochen Mass mit dem Mercedes-Werkswagen in der Bremszone an Noël Croziers MAN vorbei.

EUROMASTER
32
TOTAL

Nachgeben will keiner. Die amerikanischen Ovalrennen auf Sandpisten erfreuen sich seit fast 100 Jahren ungebrochener Beliebtheit. Der asymmetrische Radsturz an der Vorderachse ist gewollt, damit fährt man schneller durch die Kurven.

Wilde Laster GmbH

Die Zuschauer kommen standesgemäß in Massen zum Truck-Rennen. Der schönste Laster wird gleich prämiert. Das reicht vom Hamburger-Beutel bis zur kostenlosen Fahrt auf einem Kreuzfahrtschiff.

Getreu amerikanischer Lebensart sind verrückte Dinge besonders attraktiv. Die heißen Oval Racer passen dazu. Sie sind weder nützlich noch schön, dennoch sind die Zuschauerränge brechend voll, wenn die 33 schnellsten Trucks zur Startlinie rollen.

Kennen Sie Devil`s Bowl Speedway in Texas? Dort, im hintersten Winkel von Texas, belagern an Ostern über 60.000 Racefans ihre Rennstrecke. 802 Meter lang, ein flaches Oval mit leicht überhöhten Kurven. Der Belag schwankt zwischen uneben und schwer holprig. Brauner texanischer Lehm. Früher bauten daraus die Indianer ihre Hütten. An diesem verlängerten Wochenende fühlt sich der normale Autofahrer auf dem Freeway wie eine kleine Ameise in einem Heer von Krabbeltieren. „Bei 1000 Trucks gibst Du das Zählen auf, es wurden immer mehr.“ Sheriff Steve Baldwin nennt das Ganze „eine Invasion lauter verrückter Rennfans“, aber bekennt: „Die Stadt verdient an Ostern so viel Geld, dass man dem Ausbau des Rennovals mit Freuden zugestimmt hat. Das übliche Verkehrschaos vor und nach dem Rennen lässt Bürgermeister Chief Olara kalt. Sein Blick ist aufs Menschliche gerichtet. Er kennt seine Pappenheimer: „Wer das Gesetz bricht, kommt in den Knast.“ Randalierende Fans gibt es kaum zu vermelden, weil Alkohol auf amerikanischen Publikumsveranstaltungen grundsätzlich verboten ist. Auffallend sind die vielen braunen Tüten. Nachfragen lohnt sich: „Hinter jeder braunen Papiertüte versteckt sich ein Bier“, meint einer, der es wissen muss. Seine gewaltigen Rundungen sprechen Bände. Sheriff Baldwin vertraut auf seine scharfe Nase und bugsiert jeden aufmüpfigen Biertrinker gnadenlos in die „schwarze Minna“. Beim Verdacht auf härtere Genüsse schnüffelt der Gesetzeshüter auch in silberne Thermoskannen rein, ob darin nicht eine gut gekühlte Flasche Whiskey schlummert. Devil`s Bowl Speedway ist für texanische Truck Fans an diesem Wochenende klar der Nabel ihrer Welt. Mit oder ohne Bier. Drei Tage und drei Nächte lang wird gerannt und gefeiert, was der Reifen hergibt und die Leber verdaut.

Ein gewaltiges Spektakel steht an. 35.000 PS lassen die morschen Holzbänke der Tribünen erzittern, wenn die Meute der schnellsten Trucks zur Einführungsrunde losballert. Jeweils 16 Wagen starten zu den Qualifikationsrennen. In den sechs Hauptrennen wird dann mit 33 Startern die halbe Arena mit Renntrucks vollgepackt. Die Sieger der Qualifikationsrennen müssen ganz hinten starten! Das verspricht harte Überholmanöver bis zum Schluss, denn der Schnellere ist meist auch der bessere Taktiker. 100.000 Dollar Sponsorengeld warten auf die Sieger. Knallharte Positionskämpfe und viele Crashs sind auf der mühsam plattgewalzten Strecke garantiert, deshalb sind die Nudeltopfrennen in den USA so populär wie vor 100 Jahren. Damals fuhren die ersten Automobile auf den umfunktionierten Galopprennbahnen um die Wette.

Über 2500 Renn-Trucks sind in den USA registriert. Fast jede größere Ortschaft im Westen der USA besitzt eine Ovalpiste, auf der Stock Cars, Sprint Cars und Truck-Rennen veranstaltet werden.

Amerikanische Ovalracer sind um fast ein Drittel kompakter als die europäischen Renn-Trucks. Gefragt sind ein niedriger Schwerpunkt und ein drehmomentstarker Dieselmotor ohne Hubraum-Limit.

00 MULTI-GRADE
RACING

Der ungehinderte Ein- und Ausstieg aus den zugeschweißten Türen wird von der Abnahme vor jedem Rennen überprüft, oben. Bremsen ist out und kostet nur wertvolle Zeit. Der Gasfuß regelt den Driftwinkel. Ein Abflug ins Gebüsch gehört zum Alltag jedes Ovalracers.

Einfache, überschaubare und kostengünstige Technik. Der massive Überrollkäfig versteift das Chassis, und schützt den Fahrer bei einem Crash.

Mit bis zu 2300 PS starken Motoren treten die amerikanischen Ovalracer bei den wichtigen Rennen an. Turboladerschäden, oben rechts, kann man bei dieser Motorleistung häufig beobachten.

Viel hat sich bis heute nicht geändert. In einigen Bundesstaaten sind Rennwetten heute verboten. Der Staat möchte seinen Anteil über die Wettsteuer unter Kontrolle haben. Tatsächlich funktioniert das Geschäft wie eh und je über die vielen illegalen Wettbüros, oder ganz modern via Internet.

Die wahren Rennfans sind weder Zocker noch Dealer. Für sie ist absolute Nähe zum Geschehen der Grund, weshalb die Ovalracer so attraktiv sind. Der direkte Blickkontakt mit den Fahrern vermittelt exakt jene Atmosphäre, nach der sich jeder echte Rennfan sehnt. Man spürt instinktiv – die Chemie stimmt zwischen dem Publikum und den Fahrern. Beide Seiten profitieren von dieser für europäische Rennbesucher unvorstellbar kurzen Distanz zwischen dem Pulk der mit Full Speed vorbeizischenden Trucks und den Zuschauern. Eine kaum mannshohe Leitplanke und zwei kräftig dimensionierte Auffangzäune trennen die Wagen von ihren Fans, die mit Sack und Pack die Tribünen belagern. Zuschauer mit schwachen Nerven sollten lieber vor der Fernsehkiste hocken bleiben oder die hinteren Sitzreihen belegen.

Technisch gesehen sind die amerikanischen Speedway-Renntrucks fast um ein Viertel verkleinerte Serienfahrzeuge. Die Silhouette des Serienproduktes muss beibehalten werden, sonst gibt es keine Sponsorengelder. Alle neun wichtigen amerikanischen Truck-Hersteller beteiligen sich mit werksunterstützen Teams bei der Great American Truck Racing Meisterschaft GATR. Das sind Ford, General Motors, Kenworth, Mack, Western Star, International, Dodge, White und Freightliner. Die drei wichtigsten Motorenhersteller Cummins, Detroit Diesel und Mack liefern die Basismotoren, Stock-Block-Dieselmotoren mit sechs und acht Zylindern und bis zu 18 Litern Hubraum. Zwei luft- oder wassergekühlte Turbolader sind erlaubt. Aus diesem Rohprodukt entstehen dann bei den besten Tunern Rennmotoren, die weit über 50.000 Dollar kosten.

Truck-Racer sind coole Typen. Die meisten fahren nur zum Spaß, denn dickes Geld wird nur bei den ASCAR-Stockcar-Rennen verdient.

Mit 2000 PS unter der Aluhaube dürfte man schon in den Ausscheidungsläufen scheitern. Die erfolgreichsten Teams geben 2300 PS als realistischen Wert an. Gemessen hat's wohl keiner, denn wer hat schon einen Motorenprüfstand, der 2300 PS verdaut? Auf dem lehmigen oder sandigen Untergrund der Strecke spielt die reine PS-Leistung eine untergeordnete Stellung. Die Antriebsräder drehen mit dem brachialen Drehmoment dieser Rennmotoren fast immer durch. Der Wagen befindet sich im Renntempo nahezu ununterbrochen in einem ständigen Drift, wie die Bilder zeigen. Bob Meyer ist einer der Cracks. Seine Lehre vom richtigen Driften lautet: „Nur wenn sich der Wagen leicht in der Lenkung anfühlt, bist Du richtig schnell unterwegs. Dann reagiert er so wie Du willst. Die richtige Balance ist das Geheimnis fürs Gewinnen. Zu viel quer anstellen vor der Kurve reduziert die maximale Geschwindigkeit in der Kurvenmitte. Am Ausgang der Kurve fehlt Dir dann der Speed für die maximale Beschleunigung auf der Geraden. Die Linie vor der Kurve muss optimal stimmen, sonst überholen Dich die anderen auf der nachfolgenden Geraden. Weil alle Wagen übers fast gleiche Material verfügen, werden die Rennen durch die bessere Taktik entschieden. Am Ausgang der letzten Kurve vor dem Ziel musst Du vorne sein, alles andere zählt nicht, obwohl jede Runde in Führung Dein Prämienkonto erhöht."

Wie sieht es mit den Bremsen aus? Großkalibrige Trommelbremsen sind eher nebensächlich, weil das Querfahren in den Kurven das Bremsen ersetzt. Scheibenbremsen sind laut Reglement tabu. Wer als Ovalracer ans Bremsen denkt, hat schon verloren. Zwei Gänge reichen fürs Anfahren und zum Driften. Während des Rennens wird nicht mehr geschaltet, man fährt im direkten Gang. Automatikgetriebe oder Planetengetriebe wie bei den Dragstern sind verboten, damit sich die Kosten in Grenzen halten. Mit der elektronischen Speedlimitierung auf 160 km/h, wie sie bei den europäischen Renntrucks aus Gründen der Sicherheit vorgeschrieben ist, lassen sich die Amis nicht ein: „Jeder fährt so schnell er kann, alles andere ist Bullshit", meint Truck-Racer Bob Meyer und alle anderen Fahrer, die der Autor interviewt hat.

Die Fahrwerksabstimmung ist ein Thema für sich. Ohne Ausnahme werden alle Ovalrennen gegen den Uhrzeigersinn gefahren. Mit der stark asymmetrischen Achsverteilung lässt sich ein Oval-Renner schneller um die Ecken bringen. Bei einem ungewollten Dreher kreiselt ein solchermaßen aufgebauter Rennwagen allerdings fast unkontrollierbar ins Aus. Deshalb sind die um 400 km/h schnellen Champ-Car- und IRL-Boliden heute nicht mehr mit asymmetrischen Radständen ausgerüstet, nachdem dort über 50 Jahre lang mit unterschiedlich großem Achsabstand gefahren worden war. Wer genau hinsieht, erkennt bei den Renntrucks auch an den handgeschnittenen Reifen die asymmetrische Profilierung, die je nach Streckenuntergrund verschieden ist. Die wesentlichen Gewichte werden von den professionellen Teams auf der kurveninneren Seite platziert. Der Treibstofftank gehört aus Gründen der Sicherheit bei allen Fahrern dazu. Motor- und Getriebeanordnung sind in engem Rahmen „verschiebbar" laut Reglement. Die meisten Fahrer lassen es bei der serienmäßigen Position bewenden, weil sonst der Rahmen auch noch grundlegend modifiziert werden muss.

Die schnellsten amerikanischen Speedway-Renntrucks halten einige absolute Streckenrekorde auf den über 900 Ovalkursen, die allesamt von privaten Geldgebern finanziert und gebaut wurden. Auf diesen Strecken fahren im Wechsel Stock Cars und Monoposto-Rennwagen, wie die 560 PS starken Sprint Cars oder 850 PS starke Frontmotor-Rennwagen, die legendären Outlaws mit dem riesigen Flügel über dem Käfig. Die schnellsten Renntrucks erreichen auf den 800 Meter langen Ovalrennstrecken mit Asphaltbelag etwa 210 km/h. Ein Wahnsinnstempo, das keine Fahrfehler zulässt. Die maximale Kurvengeschwindigkeit liegt zwischen 100 und 140 km/h, je nach Streckenprofil und Belag. In der Anfangszeit der amerikanischen Renntrucks wurde auch auf den bis zu vier Meilen langen asphaltierten Hochgeschwindigkeits-Rennstrecken der Indy- bzw. CART-Rennwagen mit den Renntrucks gefahren. Bei diesen spektakulären Veranstaltungen gab es zahlreiche schwere Massenkarambolagen durch Reifenschäden. Das Risiko für die Zuschauer und Fahrer war einfach zu groß. Keine Versicherung deckt dieses Veranstalterrisiko heute mehr ab. Der Rückzug auf die zuschauerfreundlichen und weit sichereren kurzen Viertel- oder Halbmeilen-Ovalpisten hat sich in den USA bewährt. Die Rechnung geht für die privaten Rennstreckenbesitzer, die Fahrer, Sponsoren und die Zuschauer auf. Die Fahrer erhalten die Hälfte der Eintrittsgelder, die andere Hälfte behält der Veranstalter für seine Dienste.

Die satten Prämien der Sponsoren sind das Futter für die Sieger. Für die schnellsten Runden, den größten Pechvogel oder auch die beste Boxenmannschaft werden Sach- und Geldprämien ausgeschüttet, die jedes Team zufriedenstellen. Damit die Zuschauer auch ihren Spaß und die Chance zum Geldkassieren haben, werden die schönsten Trucks der Zuschauer vorgestellt und prämiert. Nicht wenige Teilnehmer dieser Show polieren mit der ganzen Familie ihre Fahrzeuge von Sonnenaufgang bis zum „Late Afternoon", wo die Prämierung erfolgt. Eine Wahnsinnsarbeit, die zeigt, dass ein richtiger amerikanischer Trucker mit seinem Truck „verheiratet" ist. Dass die größte Oberweite einer Zuschauerin mit harten Dollars aufgewertet wird, versteht sich von selbst. Trucker haben eben zwei Seelen in ihrer Brust: den geliebten Truck und das geliebte Weib.

Der stärkste Renn-Truck Amerikas. Da bleibt kein Auge trocken, wenn 2800 PS an der Hinterachse zerren. Hier wird mit Lachgas-Aufladung gearbeitet.

HEISSER QUICKIE

Carburetor Shop
526
LOS ANGELES

World

Die Viertelmeile, 402 Meter – ein Stück Weg, das es den Amis angetan hat. Gebeutelt und genervt vom allgegenwärtigen Speedlimit von maximal 75 miles per hour (124 km/h) machten sich in den 60er Jahren die kalifornischen Jungs einen Spaß daraus, möglichst schnell von Ampel zu Ampel zu kommen. Was zählte, war allein die Beschleunigung, denn die war nicht limitiert. Das Dragster-Rennen war geboren, und bis heute werden Dragster per Ampel gestartet. Inzwischen werden allerdings Millionen Dollar investiert, allein um eine Hundertstel Sekunde schneller an der Lichtschranke zu sein, der zu sein, auf dessen Seite die Anzeigetafel blinkt. Denn eines ist in Amerika klar: Geld gibt es nur für den Sieger, wer hinterherfährt, geht leer aus.

Wenn in Amerika eine neue Rennsportvariante Erfolg hat, gibt es für die Veranstalter keine Hemmschwelle mehr. Jede Show lässt sich aber noch mehr steigern und noch besser vermarkten. Dragster-Rennen mit über 2800 PS starken Diesel-Trucks sind gut fürs Geschäft, weil hier

Nur beim ersten Gas-Stoß produziert der malträtierte Motor Ruß, dann ist er frei und die Kiste galoppiert über die Viertelmeile, dass es die Zuschauer von den Sitzen reisst. Zielgeschwindigkeit: 312 km/h.

Das Bild zeigt: Truck-Racer nehmen sich und den Sport nicht zu ernst.

Spartanisch, praktisch, gut. Drag-Racer lieben den Kampf Mann gegen Mann, denn den Ausgang des Rennens kann niemand vorhersagen, und nur der Schnellere kommt eine Runde weiter.

PROCESADORA SACOME
Acosta Racing team

Mexikanischer Dragster zu Besuch in Amerika. Da wird bis zur letzten Minute vor dem Start geputzt, gefeilt und geschraubt. Der Reinerlös des Rennens kam übrigens behinderten Kindern in Palmdale zugute.

Aufgebohrter Detroit-V12-Diesel mit 21.000 ccm Hubraum und 2100 PS, sagt sein stolzer Besitzer. Burnout, der von allen Fans geliebte Vorstart zum Anheizen der Reifen.

alles zusammenkommt, was Amerikas Rennfans von einem cleveren Veranstalter erwarten: Spannende Rennen, eine Supershow im Rahmenprogramm und viel, viel Technik zum Anfassen. Schließlich steckt in fast jedem Amerikaner der Wunsch nach grenzenloser Freiheit, und der Truck verkörpert zumindest einen Teil von persönlicher Freiheit. „My truck is my freedom“, der Laster ist meine Freiheit, mit diesem Schild dokumentieren viele Trucker ihren nachvollziehbaren Standpunkt vom eigenverantwortlichen Leben.

Über die Risiken sind sich alle Beteiligten bewusst. Gerät ein fünf Tonnen schwerer Race-Truck mit 240 km/h von der Ideallinie weg, zerbricht jede Leitplanke wie ein dünnes Streichholz. Ein Speedlimit gibt es dort nicht. Da schlägt wirklich eine Bombe ein. Spektakuläre Überschläge zahlen sich nur für den Veranstalter aus. Er lässt die Viertelmeile lückenlos mit TV-tauglichen Videokameras „überwachen“. Der Streifen wird überspielt, der hoffentlich unverletzte Fahrer interviewt, und schon flimmert die Story über die privaten Fernsehanstalten und CNN via Satellit ins letzte Dorf von Great America. Keine Frage, ein beinharter Horrorcrash schafft neue Zuschauer an die Rennstrecken heran, denn in den meisten Menschen steckt eine gewisse Gier nach der absoluten Sensation.

Kann jeder Bob und Bill einen 2800 PS starken Race-Truck über die Viertelmeile prügeln? Mitnichten. Jeder Starter braucht seine Fahrerlizenz. Die Anforderungen dazu sind gestaffelt. Bei seriennahen Trucks genügt der einfache Eignungstest. Wir haben uns auf dem kalifornischen Drag Strip von Bakersfield umgesehen. Dort ist Amerikas berühmteste „Fahrschule“ für zukünftige Rennfahrer. Ohne Lizenz geht im angeblich so freien Amerika gar nichts, erst recht nicht, wenn man aus Old Germany kommt. Die Haftpflichtversicherung des Veranstalters würde keinen Cent bezahlen, wenn ein unlizensierter Fahrer in die volle Tribüne crashen würde.

Man muss als Neuling nicht nur die Regeln beherrschen, man muss auch seine körperliche Fitness unter Beweis stellen. Der Schleudertest ist der beliebteste Punkt im Eignungstest für angehende Drag-Racer. Der zukünftige Champ wird auf den Drehstuhl platziert. Doc Malone lässt nun den Stuhl mindestens vier Umdrehungen lang herumwirbeln. Dann das Kommando: „Aufstehen, weiße Linie entlang gehen, umdrehen und zurück auf den Stuhl.“ Wer hier schon versagt und vom weißen Strich der Körperbeherrschung abweicht, ist schon bei Punkt Eins im Eignungstest durchgefallen. Die Rennfahrerkarriere ist im Eimer, bevor sie ernsthaft begonnen hat. Wie sieht der gestrenge Doktor seine Klientel? „Etwa 70 Prozent der Kerle schaffen den Eignungstest auf Anhieb. Weitere 10 Prozent hatten vielleicht zu viel Promille im Blut oder sonst noch volle Hosen. Wer bei mir auf dem Stuhl Platz nimmt, weiß in der Regel, was ihm blüht.“

Familienfest kalifornischer Dragster-Fans für einen guten Zweck. Das T-Shirt sagt: „Dragster-Rennen für behinderte Kinder“. Die schönsten Trucks der Zuschauer werden auch prämiert.

Der Mann ist Gold wert, denn bis zu einem schweren Unfall war er einer der besten Dragster-Fahrer Amerikas. Sein Wort ist Gesetz, und damit spaßt kein Veranstalter. Die Lücke im Gesetz soll nicht verschwiegen werden. Auffallend viele kalifornische Amateur-Rennfahrer sind mit einer mexikanischen Fahrerlizenz auf amerikanischen Dragster-Strecken unterwegs. „Die Grenze ist nah, und harte Dollars stimmen die Kollegen auf der anderen Seite milde“, klärte mich ein Fahrer auf, der bestimmt keinen Tropfen mexikanischen Blutes in seinen Adern spürt. Für Amateurrennen reicht die mexikanische Lizenz schon mal aus, denn die Veranstalter möchten Startgelder kassieren und freuen sich auf jeden neuen Teilnehmer. In den Profiklassen fliegt der Schwindel mit den getricksten Fahrerlizenzen hundertprozentig auf. Dr. Malone: „Bei über 16.000 aktiven Dragster-Piloten herrscht absolut kein Mangel an geeigneten Fahrern. Ganz im Gegenteil, die Veranstalter picken sich die Besten heraus und geben den faulen Eiern einen Korb.“

Dragster-Rennen sind ein Riesenspektakel, das in Amerika im Minutenabstand, quasi Schlag auf Schlag, präsentiert wird. Mann gegen Mann, der Schnellere kommt eine Runde weiter. Zwischen dem Anheizen der Reifen, dem Burnout und dem eigentlichen Rennen vergehen kaum drei Minuten. Schaltet die Startampel auf Grün, kann der Zuschauer schon nach 15 Sekunden seinen Sieger feiern. Nur so wird die übliche Langeweile etablierter Rennserien mit ellenlangen Pausen zwischen den einzelnen Läufen tatkräftig vermieden, und die anfängliche Begeisterung bleibt über den Renntag hinaus erhalten. Nicht zuletzt möchte jeder amerikanische Familienvater seiner eventuell weniger motorsportbegeisterten Frau und den Kids ein Erlebnis vermitteln, das in den Köpfen hängenbleibt. Wenn sich der Rest der Familie langweilt, war dies der letzte Besuch einer Motorsportveranstaltung im Kreise seiner Lieben.

Im Gegensatz zu den europäischen Truck-Rennen werden in den USA die Trainingsläufe, die Qualifikationsrennen und das Finale am gleichen Tag ausgetragen. Die meisten Zuschauer kommen nur zu den zweistündigen finalen Rennen. Ein echter Quickie. Statt ins Kino oder zum Baseball geht man auf den Drag Strip. Die Sponsoren achten peinlich genau auf das Auftreten des Fahrers, wie er mit seinem Publikum zurecht kommt. Deshalb gibt jeder Fahrer zwischen den Rennen bereitwilligst zum hundertsten Mal Auskunft über die phantastische Leistung seines Rennmotors, obwohl diese Daten auch im Rennprogramm stehen. Die Kinder werden mit Postern und Postkarten der Fahrer zum Sammeln angeregt, und die brav mitziehende Gattin wird mit einem Gutschein über vier Cokes im nächsten Burger King-Restaurant um den Finger gewickelt.

So hält man seine Fans bei der Stange und schafft neue hinzu. Ohne diesen direkten Kontakt vom Fahrer zum Publikum würden auch die europäischen Veranstalter der Europameisterschaft alt aussehen. Der Zuschauer ist am sozialen Umfeld der Fahrer genau so interessiert wie an den Race-Trucks. Die Frauen der Zuschauer interessieren sich eben mehr für die Frauen der Rennfahrer und deren Kinder als für die Technik. Die Männer schauen lieber den Mechanikern auf die Finger und lassen sich von den Fahrern über die neuesten Tricks beim Tunen eines Dieselmotors informieren. Dieses Wechselspiel der Interessen funktioniert bei amerikanischen Dragster-Rennen besonders gut, weil die Rennen nur ein paar Sekunden dauern, danach wird wieder geschraubt, gefachsimpelt und mit dem Fahrer gelitten oder gefeiert. Unter dem Strich gesehen zählt im amerikanischen Rennsport nur der maximale Unterhaltungswert: Racing – just for Fun.

Wie sieht die Zukunft bei den amerikanischen Dragster-Rennen für Race-Trucks aus? Bob Motz fährt einen mittels Gasturbinen befeuerten, 350 km/h schnellen Show-Truck: „Race-Trucks sind bei den großen Veranstaltungen das Salz in der Suppe. Die Kinder sind davon am meisten begeistert. Die über 450 km/h schnellen Sling Shot- oder Funny Car-Dragster sind extrem laut und für viele Zuschauer auch so schnell, dass sie das eigentliche Rennen gar nicht richtig mitbekommen und sich lieber die Ohren und Augen zuhalten. Bei den Race-Trucks sind nur getunte Dieselmotoren erlaubt, die im Vergleich zu den 4000 PS starken Kompressor-Methanol-Motoren der Profi-Dragster extrem leise sind. Für meinen Geschmack sind Dieseltrucks etwas zu langsam und auch etwas zu leise. Man könnte sich nun aufgeladene V8-Benzinmotoren mit 12 Litern Hubraum in einem verkleinerten Truck-Chassis vorstellen. Die Silhouette müsste dem Original entsprechen. Mit etwa 3500 PS an der Hinterachse müsste so ein verkleinerter Race-Truck mindestens 350 km/h schnell sein. Entsprechende Pläne gibt es, aber bislang halten die Selbstzünder eisern zusammen.“ Vielleicht ist das gut so, denn zu einem Truck gehört der Diesel wie die Mutter zum Kind.

Dragster-Rennen nur für Profis? Auch die Zuschauer fahren in der Amateur-Klasse um den Sieg. Wie man sieht, hat dieser zehn Jahre alte Kenworth ordentlich Power unter der Haube.

Nerviges Warten auf die Startfreigabe. Draußen sticht die Sonne mit über 50 Grad aufs Blechdach. Nur einmal im Jahr wird der legendäre Salzsee von Bonneville für Rekordfahrten freigegeben.

Rekorde auf hartem Salz

Bill Snyders „Double D Kenworth" ist mit einem Detroit-Diesel Front- und Heckmotor ausgerüstet. Fuhr bis zu 347 km/h auf runderneuerten Reifen!

Was zum Teufel hat ein Laster auf dem Salzsee zu suchen? Sehr viel, seitdem amerikanische Truck Driver an der 400-km/h-Schallmauer kratzen.

Fast ein halbes Jahrhundert galt der Salzsee von Utah als ideale Strecke für Speed-Rekorde. Mitte der 60er Jahre gerieten die Salt Flats nachhaltig in die negativen Schlagzeilen, denn zahlreiche unerklärliche Unfälle ließen sich nicht nur mit technischen Problemen wie Reifenschäden durch Überhitzung erklären. Da steckte mehr dahinter. Zudem verändert sich die glattgehobelte Salzpiste je nach Witterung und Benutzung so nachhaltig, dass sich an vielen Stellen tückische Wellen auf der Oberfläche bilden, die einen über 400 km/h schnellen Rekordwagen mühelos meterweit abheben lassen. Eine betonierte deutsche Autobahn ist auf jeden Fall eindeutig glatter als die Rekordpiste auf dem Salzsee von Utah, besser bekannt als die „Bonneville Salt Flats".

Die einst 36 Kilometer lange Salzpiste wird heute von zahlreichen Entwässerungskanälen durchzogen, so dass die seit 1968 befahrene Piste nur noch 14 Kilometer lang ist. Hier findet jedes Jahr die Bonneville Speed Week statt. Über 300 Rennfahrer mit zwei-, vier- oder gar sechsrädrigen Untersätzen kämpfen hier gegen den eigenen Schweinehund und die gnadenlose Hitze. Die Truck Racer sind in der Minderheit, aber gefahren wird mit vollstem Einsatz, denn einmal zumindest im Leben jedes Rennfahrers möchte man der Schnellste der Schnellen in seiner Klasse sein. Die Experten sind sich in einem Punkt einig: Der absolute Geschwindigkeits-Weltrekord wird auf dem Salzsee von Utah nicht mehr gebrochen, weil die Salzpiste längst nicht mehr so fahrerisch anspruchslos ist, wie Laien glauben. Gas geben und draufhalten, das funktioniert schon bei 300 km/h nicht mehr. Craig Breedlove verunglückte 1968 mit seinem „Spirit of America" bei 820 km/h, und sein stärkster Rivale Art Arfons kam knapp mit dem Leben davon, als sein „Green Monster" 1966 bei über 965 km/h wegen eines Radlagerschadens abhob und sich mehrfach überschlug. Im Umkreis von sieben Kilometern wurde Teile des völlig zerstörten Wagens gefunden. Nach diesem absoluten Horrorunfall war Bonneville für den absoluten Geschwindigkeits-Weltrekord nur noch zweite Wahl. Ein neue, wesentlich sicherere Rekordstrecke

Noch schneller war dieser dreimotorige Bill Snyder-Rekordwagen. Topspeed 382 km/h, dann brach die Kurbelwelle. Pick-up-Trucks fahren in eigenen Klassen um nationale Rekorde. Spitze 317 km/h.

Bill Snyder: Ass auf dem Salz. Hält 21 Rekorde.

musste so schnell wie möglich gefunden werden, denn die Sponsoren wollten Rekorde und Sensationen, nicht schon wieder einen halbtoten Rekordfahrer, der knapp seinem Schicksal entronnen war.

Vier Plätze boten sich an, alle hatten ihre Tücken. In Australien hatte Sir Campbell am trockenen Ufer des Lake Eyre am 17. Juli 1964 einen neuen Weltrekord gefahren. Seit den 60er Jahren steht der Lake Eyre wegen tropischer Regenfälle immer wieder unter Wasser. Bis das Wasser verdunstet, können Monate vergehen. In Chile gibt es auf 4500 Metern Meereshöhe einen ausgetrockneten See, aber keine Straße führt dorthin. Dann liegt in der Nähe der persischen Stadt Qam ein ausgetrockneter See, der für Rekordfahrten zweifellos geeignet ist. Aber auch hier gibt es keine Straße in 50 Kilometer Umkreis. Einige amerikanische Fahrer wollten noch zu Zeiten des Schah von Persien dort fahren, aber die persischen Machthaber verlangten astronomische Streckengebühren. Bill Fredrick erinnert sich: „Ich sollte ihnen eine fünfzig Kilometer lange Straße zum Startplatz bauen, dann sollte ich ein Dragster-Rennen mit Raketenwagen auf der Hauptstraße von Teheran organisieren, und schließlich wollten die Perser auch noch die weltweiten Fernsehrechte für sich haben. Darüber erregte sich mein Anwalt so sehr, dass er einen Herzanfall bekam und wenig später starb." Bill Fredrick ist der Konstrukteur des mit 60.000 PS starken Raketen bestückten „Budweiser-Rocket" Rekordwagen, mit dem Stan Barrett 1979 einen inoffiziellen Rekord mit 1190,122 km/h auf dem Testgelände der NASA aufstellte. Dieses immens große Testgelände liegt in der Mojave-Wüste, zirka drei Autostunden von Los Angeles entfernt. Dort testet die amerikanische Weltraumbehörde NASA geheime militärische Flugzeuge und Raumgleiter wie das Space Shuttle. Für Rekordfahrten ist die ausgetrocknete Lehmpiste der Edwards Air Base an sich optimal geeignet, denn kein Entwässerungsgraben durchschneidet den

Schön, schnell und verwundbar. Jerry Malones Kenworth rutschte fast einen Kilometer auf der Seite übers Salz, als ein Reifen geplatzt war.

Größte Gefahr sind Reifenschäden, starker Wind und Bremsversagen. Tückische Entwässerungs-Gräben. Craig Breedlove kam mit dem Leben davon, als der Bremsschirm versagte. Starke thermische Winde entstehen hier oft schon am Morgen, dann ist die Strecke geschlossen.

Imposante Jet-Trucks. Der Australier Tommy Watts, rechts, verunglückte tödlich, weil er einem Zuschauer auswich, der die Rekordpiste überquerte. Mit einer 18.000 PS starken Gasturbine ist „Waltzing Matilda“ ausgerüstet, links und großes Bild. Schrammte 1998 mit 387 km/h knapp an der 400-km/h-„Schallmauer“ entlang.

etwa 65 Kilometer langen ausgetrockneten See. Bislang scheiterten alle Versuche am Veto der NASA, die Strecke noch einmal für Rekordfahrten freizugeben.
Die Speedfreaks ließen nicht locker. Wie kein anderer Rekordfahrer investierte der Engländer Richard Noble viel Zeit und Geld, um endlich eine Alternative für den Salzsee von Utah zu finden. Die Mühe lohnte sich im zweiten Anlauf. In der jordanischen Wüste fand sich ein ausgetrockneter Salzsee bei El-Dscharfr, der rekordverdächtig aussah. Richard Noble benutzte die Salzpiste wochenlang mit der Erlaubnis von König Hussein für ausgedehnte Testfahrten mit seiner damals noch ziemlich lahmen Kiste namens „Thrust 2“. Den wahren Lottohauptgewinn zog er beim Plausch mit einem amerikanischen Sandsegler-Spezialisten. Dieser berichtete ihm von einem völlig abgelegenen ausgetrockneten See bei der Ortschaft Gerlach in der Black Rock Desert. Gerlach liegt etwa 190 Kilometer nördlich vom Spieler-Paradies Reno im US-Bundesstaat Nevada. Dort sollte sich eine knapp 20 Kilometer lange, stark lehmhaltige feste Naturpiste befinden, die absolut eben ist und vom Wind geglättet wie eine überdimensionale Bratpfanne aussehen würde.
Für Richard Noble gab es kein Halten mehr. Er packte seine Sachen und fuhr in einer Nacht-und-Nebel-Aktion mit seinem ganzen Team zur Rock Desert, weil der Salzsee von Utah wieder einmal wegen Regenfällen unbefahrbar geworden war. Der Einsatz lohnte sich. Am 4. Oktober 1983 brach der ebenso mutige wie geschäftstüchtige Brite den 13 Jahre alten absoluten Weltrekord von Gary Gabelich/Blue Flame (1001,442 km/h) mit 1019,250 km/h mit seinem „Thrust 2“ Gasturbinen-Streamliner. Seit diesem Rekord ist das verschlafene, 200 Mann und Frau starke Wüstendorf Gerlach der Nabel der Rekordfahrerwelt. Vierzehn Jahre später folgte dann der absolute Hammer. Am 16.Oktober 1997 gelang Richard Noble mit einem neuen Rekordwagen Thrust SSC das Unmögliche. Sein Fahrer, Tornado-Jagdfluggeschwaderkommandant Walter Green (35), knackte hier am16. Oktober 1997 zweimal innerhalb einer Stunde die Schallmauer. Jetzt steht der Rekord auf 1203,71 km/h. Eine phänomenale Leistung, die dokumentiert, dass ein Landfahrzeug ausschließlich manuell gesteuert schneller als der Schall beherrscht werden kann. Hinter dieser Leistung steckt weit mehr, als nur eine Stuntnummer mit dem Kick, „der Schnellste zu sein“. Walter Green fuhr bei den wochenlangen Testfahrten 32 mal schneller als 1000 km/h. Der Autor war als einziger deutscher Reporter bei den wochenlangen Testfahrten dabei. Ein kleiner Stein, ein unerwarteter Windstoß aus der falschen Richtung, oder ein kleines weggerissenes Stück Blech der 16,40 Meter langen Aluverkleidung hätte schon den Auslöser zum Abflug und zum sicheren Tod führen können. Schmaler kann der Pfad zwischen Triumph und Tod kaum sein.

Natürlich steigt die Gefahr mit zunehmender Geschwindigkeit immer mehr an. Doch alles ist relativ. Ein hoch spezialisiertes Streamliner-Rekordfahrzeug verhält sich völlig anders als ein Laster, der mit Starrachsen ausgerüstet über die keinesfalls glatte Piste rattert. Die schnellsten europäischen Renntrucks fahren ohne Speedbegrenzer ca. 230 km/h schnell. Die amerikanischen Oval-Racer kommen auf 250 km/h. Das Problem sind die Reifen. Halten sie oder nicht? Bill Snyder investierte einige Millionen Dollar in den Umbau von sieben (!) Truck-Racern, die je mit bis zu vier Detroit-Diesel-Motoren bestückt wurden. Nach unzähligen Testfahrten steigerte sich Bill im Laufe von fünf Jahren auf 365,081 km/h: „Nie war ich mir sicher, ob der Wagen in einem Stück über die Distanz ging. Mal löste sich die Motorhalterung, dann brach die Kardanwelle, dann platzte ein Vorderradreifen und ich überschlug mich über die Motorhaube. Der Wagen war zu 100 Prozent Schrott, obwohl ich nur (!) 231 km/h schnell fuhr. Bei 350 km/h hätte ich nicht überlebt.“ Es ist die Masse, das Gewicht, aufgrund dessen alle Truck-Rennfahrer um ihr Leben fürchten müssen, wenn die Technik versagt. Bill Snyder: „Im Gegensatz zu anderen Rennsport-Disziplinen sind Rekordfahrten mit modifizierten Serienwagen an sich relativ ungefährlich. Das Problem sind die Fahrer, die einmal im Jahr sich bei der Speed Week austoben wollen und dann voll auf dem Gaspedal stehen bleiben, obwohl etwas am Wagen nicht mehr stimmt. Bei allen anderen Rennen kann man rund ums Jahr trainieren und Rennen fahren. Bei der Speed Week kommt jeder Fahrer maximal 20 Mal zum Fahren. Das ist für den Großteil der Hobby-Rennfahrer viel zu wenig.“ Rekorde auf Biegen und Brechen? Ganz im Gegensatz zur deutschen Rennfahrermentalität sind in Amerika Rekordfahrten immer noch das Maß der Dinge. Bill Snyder bringt es auf den Punkt: „Es ist ein phantastisches Gefühl, wenn ich sagen kann: kein Mensch fuhr mit einem Truck schneller als ich.“ So sehen es auch seine über 300 Kollegen, die bei der jährlichen Speedweek einen der über 60 internationalen Klassenrekorde brechen wollen.

Vom Dreirad bis zum Riesenlaster ist dort alles vertreten, was nach üppig Speed aussieht. Das Happening auf dem Salzsee ist eines der letzten großen Abenteuer für die amerikanischen Freaks. Wer die bis zu 55 Grad heiße Sonne heil im Kopf überlebt hat, wird im nächsten Jahr bestimmt wieder dabei sein, denn auch absolute Rekorde sind vergänglich. 1999 fuhr Ken Norris mit einem modifizierten Bill Snyder Truck 397,906 km/h schnell. Die 400 km/h werden wohl bald geknackt, denn Stillstand gibt's bei den Rekordfahrten erst dann, wenn kein Geld mehr zur Verfügung steht oder die Naturschutzbehörden die Rekordfahrten per Gesetz verbieten. Bislang endeten alle Aktionen in dieser Richtung im Abseits, und das ist gut so, denn der Mensch braucht auch seine Freiräume, und sei es nur zum Spaß, einmal im Leben der Schnellste zu sein und etwas absolut Einmaliges vollbracht zu haben.

Black Rock Dessert/Nevada. Gegen zwei Uhr Nachts wird Greg Breedloves „Spirit of America“ startfertig gemacht. Jede Versuchsfahrt kostet ihn 35.000 Dollar. Am Schluss war Walter Green, rechts, der Schnellere.

Als erster Mensch fuhr Walter Green am 6. Oktober 1997 mit 1203.71 km/h zweimal innerhalb einer Stunde durch die Schallmauer. Pro Sekunde legte sein „Thrust SSC“, großes Bild, über 360 Meter zurück. Die Schockwellen spürte man noch in zehn Kilometer Entfernung. Ein Weltrekord für die Ewigkeit?

Truck Trials sind Geschicklichkeits-Wettbewerbe auf höchstem Niveau. Das österreichische Team Josef Auinger/Fritz Holub setzte einen russischen Ural 4320 6x6 ein. Leistung ca. 245 PS.

Mit schwerem Gerät über Stock und Stein

Der Tatra 813 ist sicher einer der beeindruckendsten Wagen im Feld der großen Trucks, die alle über Allrad-Antrieb verfügen. 312 PS, 8x8 Antrieb.

Kennen Sie einen Praga UV 80 oder einen ZIL131? Nein? Dann waren Sie noch nicht bei einem Europa Truck Trial als Zuschauer dabei. Truck Trials sind hochkarätige Geschicklichkeitswettbewerbe für allradgetriebene Laster. In unterschiedlich schwierigen Streckenabschnitten, sogenannten Sektionen, müssen Fahrer und Beifahrer Hindernisse überwinden, die es in sich haben. Am Schluss gewinnt jenes Team, das die wenigsten Fehler ausweisen kann. Die reine Fahrzeit spielt dabei keine Rolle, denn Trials sind Geschicklichkeitswettbewerbe, kein Geländerennen. Ganz fehlerlos kommt kein Fahrzeug über den wirklich trickreichen Parcours. Denn Peter M. Böthgen, der Initiator und Chef der Truppe, gilt als As in Sachen Militärlastwagen und Expeditionsfahrten mit schwerem Gerät.

Sein Parcours ist „gerade noch machbar", sofern das Zusammenspiel zwischen der Fahrzeugtechnik, dem navigierenden Co-Piloten und seinem Fahrer stimmt. Technisch gesehen ist zumindest in der Prototypen-Klasse so ziemlich alles erlaubt, was die Geländegängigkeit erhöht. Die Allrad-Lenkung lässt zum Beispiel einen viel engeren Kurvenradius zu als eine Vorderradlenkung, die sich in engen Winkeln so verspannen kann, dass es nicht mehr vor oder zurück geht. Die verstellbare Bremskraftverteilung verhindert den Überschlag nach vorne über die Motorhaube, wenn der Bremsdruck von der Vorderachse auf die Hinterachse verstärkt wird. Maximale Bodenfreiheit nützt in einigen besonders holprigen Passagen, schadet aber bei schrägen Abschnitten durch den nun hohen Schwerpunkt. Seitliche Überschläge oder

Kristine Gebl behauptet sich als einzige Frau ganz ausgezeichnet in dieser Sportart, wo ansonsten Männer dominieren. Ihr Beifahrer ist Peter Schlaier. Rechts im Bild ihr Iveco.

Ich glaub' ich steh im Wald. Für diesen Teilnehmer geht die Fahrt im Kriechgang dennoch weiter. Die Geländegängigkeit des Praga UV80 überrascht immer wieder die Experten.

Hier gehts weder vor noch zurück. Der Iveco 80-16FAL 4x4 mit 188 PS hat vielleicht etwas zu wenig Last auf der Hinterachse in dieser vertrackten Situation.

Enrico Knobloch presst seinen schweren Tatra 813 durch den Schlamm der extrem schwierigen Piste von Royère de Vassivière in Frankreich.

auch Überschläge über die vordere Motorhaube sind kein Grund, den Wettbewerb aufzugeben. Ein massiver Überrollkäfig schützt die Fahrer. Mit Hilfe der Kollegen wird der „Umstürzler" dann wieder auf die Räder gebracht. Wohl in keiner anderen Motorsport-Disziplin helfen sich die Teilnehmer mehr aus der Predouille als beim Truck Trial. Die Kameradschaft unter den Teilnehmern ist oberstes Gebot, weil jeder schon beim nächsten Streckenabschnitt „stranden" kann.
Wegen ihrer Robustheit stehen allradgetriebene Laster aus dem ehemaligen Ostblock hoch im Kurs der Teilnehmer. Einfach zu reparierende Technik, erschwingliche Preise und jede Menge Ersatzteile aus alten NVA-Beständen sichern den Amateuren einen kostengünstigen Einsatz. Das Maß der Dinge sind allerdings die offiziellen Werksfahrer von Tatra, Praga, Liaz und die halboffiziellen Spezialisten von MAN oder UNIMOG und IVECO, die mit neuesten Geräten antreten. Schließlich stehen unter den vielen fachkundigen Zuschauern Feuerwehrleute und Mitglieder von technischen Hilfsdiensten und dem Militär, die sehr wohl den Einsatzbereich ihrer zukünftigen Fahrzeuge im schweren Gelände ausloten. Truck Trials sind der ultimative Test für allradgetriebene Spezialfahrzeuge. Für die Werksfahrer steht deshalb viel mehr auf dem Spiel, als nur der Spaß im schweren Gelände. Der Klassensieg bedeutet oft auch den Abschluss eines guten Geschäfts mit dem Feuerwehrchef der Region.
Der Höhepunkt jeder Gelände-Karriere ist die Teilnahme bei einem der berühmt-berüchtigten Offroad-Rennen wie der bekannten Rallye Paris-Dakar. Leider stiegen die Kosten für die Teilnehmer in den vergangenen Jahren so gigantisch an, dass private deutsche Teams kaum mehr reale Siegchancen haben und ihre Teilnahme gegen Null konvergiert. Als relativ preiswerte Alternativen bieten sich die spanische und italienische Offroad-Meisterschaften an, oder die ausgesprochen exotische „Roof of Afrika"-Rallye in Lesotho/Südafrika an. Dort sind die Amateure noch unter sich.
Auf der Suche nach dem absoluten Kick werden im südlichen Afrika die höchsten Berge und die einsamsten Wüsten bezwungen. Im Königreich von Lesotho geht's am Wildesten zu, denn dort ist alles erlaubt, was gefällt. Dirk Maxeiner war als Co-Pilot hautnah dabei:
„Du würdest niemals mit einem Blinden am Steuer den Großglockner befahren? Schon gar nicht in einem Truck ohne Stoßdämpfer und Bremsen? Tut mir leid, Du scheidest als Co-Pilot bei der „Roof of Africa Rallye" aus. Oder wie würdest Du folgenden Sachverhalt beurteilen: Mit Tempo 100 geht es über einen Eselspfad auf 3000 Meter Höhe. Du sitzt in einem 350 PS starken Pick-up-Wrack, das längst keine Bremsen mehr hat und alle Stoßdämpfer von sich streckt. Der ‚Lebensmüde' am Volant sieht absolut nichts, weil der Vorausfahrende den Staub gleich

Stand der Technik: Allradantrieb und Allradlenkung. Der Liaz 111.154D von Werksfahrer Bohuslav Vonsovsky und seinem gleichnamigen Sohn, großes Bild und rechts, meistert schwierigste Passagen, die kaum ein anderer Wagen ohne Allradlenkung schafft. Ausnahme der gelbe Werner-Unimog der Gebrüder Hellgeth.

Die Kameradschaft unter den Truck Trailern ist legendär. Man hilft sich immer weiter. Hier wird die verbogene Ladepritsche mit der Baggerschaufel geradegebogen.

zentnerweise nach hinten befördert. Lediglich seitlich ist etwas zu erkennen. Links oben der schneebedeckte Gipfel des Thabana Ntlenyana, des höchsten Berges im südlichen Afrika, rechts unten weiße Wolken und ein blauer Himmel. Sozusagen auf Rufweite zum Lieben Gott. Nur weißt du nicht, ob du nach oben oder unten beten sollst."

„The Roof", das Dach, wie die Südafrikaner ihre Bergtour kurz nennen, lässt sich jedoch auch nüchtern betrachten. Das Königreich Lesotho liegt wie eine Insel mitten im Staat Südafrika und ist seit 1966 unabhängig. Die Monarchie, die nur aus Hochgebirge besteht und etwa so groß wie die Schweiz ist, wird von König Moshoeshoe Nummer II regiert. Sie zeichnet sich durch eine Universität mit knapp 100 Studenten und den Umstand aus, dass man alles erlaubt, was in Südafrika verboten ist: Glücksspiel, Pornografie, Prostitution. Davon und von der alltäglichen Tafelrunde des Kabinetts lebt sogar ein Luxushotel in der Hauptstadt Maseru. Deutsche Entwicklungshelfer irritiert dies weniger als die Tatsache, dass seine Eminenz die Staatsfinanzen in einen purpurmetallicfarbenen Rolls-Royce statt in einen schwarzen Mercedes S 600 angelegt hat.

Von Maseru aus gilt es, die Granitfelsen von Lesotho, die fast 400 Meter höher sind als unsere Zugspitze, zunächst in einer Richtung zu durchqueren. Nach einer Nachtpause geht es vom Wendepunkt Matatiele entlang in einer anderen Route wieder zurück. Dabei werden auf unbefestigten Staubbahnen und Maultierpfaden 960 Kilometer zurückgelegt. Die Besten schaffen das in einer Fahrzeit von 12 Stunden. Der Rest überhaupt nicht.

Delikat geht es zuvor beim „Maseru round the houses race" zu, in dessen Verlauf die Startreihenfolge festgelegt wird. Rund 300 Teilnehmer drängeln im Formationsflug

Abgesoffen. Hier schleppt man den russischen GAZ 66 von Olaf Hoffmann und Jan Schrickel mit der Planierraupe aus dem versumpften Gehölz heraus.

durch die kaum zwei Wagen breiten Dorfgassen. Mangelnde Straßenbreite und dichter Staub sind für die unorthodoxe Ideallinie verantwortlich: Hütte auf, Auto durch, Hütte zu. Wiederaufgebaut wird dann erdbebensicher. Das Heer der 300 Mutigen, die sich jährlich zum Winterende Mitte September dort einfinden, rekrutiert sich zum größten Teil aus südafrikanischen Freaks, die sich mit bescheidenen finanziellen Mitteln den original amerikanischen Pick-up-Racern der legendären Baja 1000 entgegen stemmen. Die zahlreichen VW-Käfer-Buggy-Kreationen sind immer noch für vordere Plätze gut. Die Musik spielt aber bei Regen für die allradgetriebenen Four Wheel Race-Trucks. Als Belohnung gibt es für die Klassensieger lediglich Pokale. Sie werden mit viel Sinn für die afrikanische Küche gestaltet: Silberne Teekessel und Nudeltöpfe – wie geschaffen für den Campingkocher.

Am Abend vor dem Rennen treffe ich mich dann an der Bar das erste Mal mit meinem Fahrer: Gilbert Piron, 23 Jahre alt und Amerikaner. „Der kennt die Gegend wie seine Westentasche und lag schon ein paar Mal ganz vorne", hatte man mir erzählt. Die Telefonleitungen zwischen Stuttgart und Südafrika müssen sich durchgebogen haben. Die Wahrheit: Gilbert hat noch nie ein Offroad-Rennen gefahren. Stattdessen hatte sich der Gute einen Namen bei amerikanischen Dragster-Rennen gemacht. Seine Fahr-Philosophie: „Weißt Du, die schnellste Verbindung zwischen zwei Punkten ist noch immer die Gerade." Langsam sinkt mein Bier zurück auf die Theke. Der Exil-Deutsche Ulrich Wilhelm, der den Handel zustande gebracht hatte, klopft mir fröhlich auf die Schulter: „Was glaubst Du eigentlich, warum der noch einen Beifahrer gesucht hat?" Für das Rennen rund um Maseru halte ich Gilbert trotz allem für einen Geheimtipp. Entschlossenheit zählt hier mehr als Kurventechnik. Leider fährt ihm in der ersten Runde ein dicker Ford Bronco über die Hinterachse. Das reicht immerhin für Startplatz 195, weil die restliche Hundertschaft noch eher vom Schicksal ereilt wurde.

Freitagmorgen sechs Uhr. Die Kings Road in Maseru bietet so eine Art afrikanisches Le Mans. Auf einer Länge von einem Kilometer warten 300 Autos und Motorräder in Reih' und Glied am Straßenrand aufgestellt auf den Start. Jedem Beifahrer wird erst jetzt ein Route Schedule, ein Streckenplan, ausgehändigt. Links steht die Entfernung vom Start in Kilometern. Rechts daneben irgend ein markanter Punkt: ein Busch, ein Holzkreuz oder ein Felsbrocken. Da soll man dann rechts oder links abbiegen. Anfangs finden sich solche Stellen alle paar Kilometer, später werden die Intervalle größer: „Bitte verlassen Sie nach 78,3 Kilometern das Flussbett, wenn rechts das Wrack eines abgestürzten Land Rovers auftaucht..." Wohl an denn.

Auf einen platten Reifen kommt es nicht an, wenn man acht davon hat.

Es ist schon ein Erlebnis, wenn die wuchtigen MAN-Allradlaster durchs Gelände pflügen. Gisbert Hindennach und Ester Lang sind mit die erfolgreichsten Fahrer in der schweren 8x8-Klasse.

Im Königreich Lesotho an der Südspitze von Afrika findet jedes Jahr eines der aufregendsten Offroad-Rennen statt. Hier ist alles erlaubt, was gefällt und über die notwendige Geländegängigkeit verfügt. Das Bild zeigt den über 3000 m hohen Impossible-Pass. Rechts ein selbstgestrickter Nissan mit drei angetriebenen Achsen.

Kilometer 4,5, Höhe 1920. Lancers Gap-Felsen. Rechts halten.
Für Lesotho-Verhältnisse befinden wir uns auf der Autobahn. Die Straße ist vier Meter breit und eingeebnet. Außerdem geht es schnurgeradeaus. Mit 130 bis 150 km/h wälzt sich die PS-Karawane wie eine Gewitterfront auf die Bergkette zu. Der Staub ist unerträglich, ab und zu schlägt ein Stein wie eine Granate ins Cockpit. Rings herum erkenne ich schemenhaft Räder und Karossen. Plötzlich knallen wir voll auf den Vordermann, weil der bremst wie ein Tier. Es geht im rechten Winkel links herum. Regel Nummer 1: nach mehreren Kilometern Geradeausfahrt kommt immer eine Kuppe. Danach geht es entweder scharf nach rechts oder scharf nach links. Geradeaus lockt stets der freie Fall. Daraus resultiert Regel Nummer 2: Bleibe im Staub stets soweit vom Vordermann weg, dass du dich an den Baumwipfeln, am Horizont oder an der Sonne orientieren kannst. Oder aber fahre direkt auf ihn drauf, dann bremst er für dich. Alles was dazwischen liegt ist gefährlich. Derek Joubert kann mit seinem selbst gebauten Kalahari- Ferrari ein Lied singen. Just an besagter Stelle verabschiedete er sich mitsamt seiner Nummer 222 vom Feld. Joubert schilderte die Flugbahn später in gebrochenem Deutsch: „Erst kam kleines Kaktus, dann noch ein kleines Kaktus, dann großes Kaktus.“ Er selbst sah aus wie ein großes Stachelschwein.
Kilometer 101, Höhe 2007. Dorf Butha-Butha passieren.
Wir haben die erste Zeitkontrolle hinter uns und liegen bereits an 50. Position. Das ist den zahlreichen Ausfällen zu verdanken. Dabei war das erst der Auftakt. Wie dick es jetzt kommt, sagen allein schon Namen: den „God help me-Pass“ (Gott steh' mir bei) gilt es zu überwinden, den „Impossible-Pass“ (Der Unmögliche) eines Besseren zu belehren. Die „Supension Bridge“(Aufhängungs-Brücke) liegt am Weg. Sie heißt so, weil keine Aufhängung bis dorthin heil bleibt. Die „Koma-Koma Bridge“ wirft ihre Schatten voraus. Sie heißt so, weil kein Teilnehmer hier bei vollem Bewusstsein durchkommt. Wohl nirgendwo in der Welt hat der Rennsport so nachhaltig Ortsnamen geprägt wie hier. In Zukunft dürfte eher das Chinesische sprachbildend sein: Allerorts salutieren Uniformen aus Maos Reich.
Kilometer 150,1, Höhe 2450 Meter. T-Kreuzung, rechts halten.
Der Weg ist einspurig. Über fußballgroße Steinbrocken kraxeln wir den Moteng-Pass hinauf. Die Luft wird allmählich dünner und der Motor verliert an Leistung. Beim Start hatten wir geschwitzt, jetzt sind wir froh, Frostschutzmittel im Kühler und lange Unterhosen unterm Overall zu haben. Die Steigung nähert sich dem Grenzwert. Wer hier anhält, ist verloren. Anfahren geht nicht mehr und Umkehren auch nicht. Bis zum Gipfel in 2840

Schon nach wenigen Kilometern zeigen die ersten Wagen deutliche Kampfspuren, oben. Hütte auf, Hütte zu. In Lesotho sieht man das nicht so eng, sofern keine Opfer zu beklagen sind. Die Begeisterung der Bevölkerung ist auch bei schrottreifen VW-Käfern ungebrochen, weil man selbst nur ein Maultier besitzt und vom deutschen Krabbeltier träumt.

Gesundheitsbewusste Profis setzen auf gefilterte Luft, denn der aufgewirbelte Staub des Vordermanns ist dicker als der berühmte Londoner Nebel.

Meter Höhe zähle ich unter mir vier ausgeschlachtete Autowracks. Den Bedauernswerten ist irgendwann der Vergaser eingefroren oder sie sind sonstwie hängengeblieben. Die Konkurrenten sind sich in solchen Fällen selbst die Nächsten: Das gestrandete Auto wird mit vereinten Kräften den Berg hinuntergekippt, um freie Bahn zu schaffen.

Kilometer 204,4 Höhe, 2480 Meter. Oxbow-Wetterstation links liegen lassen.

Es geht wieder bergab und die Piste wird etwas besser. Ich entdecke eine Charakterschwäche bei Gilbert. Befindet sich meine Seite am Abgrund, lässt er es deutlich mehr fliegen als im umgekehrten Fall. Wir geraten wieder in eine Staubfahne. Im Dreckhagel glaube ich ein rotes Aufleuchten zu erkennen. Immer wieder. Nein, das sind keine Rückleuchten. Jetzt sind wir dran. Das darf doch nicht wahr sein. Vor uns prügelt ein Toyota bergab und durchs Heckfenster schaut uns ein groß gewachsener Einheimischer direkt in die Augen. Im Rhythmus seines Entsetzens schießt ihm das Blut in den Kopf. Was es damit auf sich hat, klärt sich später. Walter Visser fuhr da vor uns. Er ist rennsportbegeisterter Großgrundbesitzer. Seine Farm ist so groß, dass er jedes Jahr sein eigenes Offroad-Rennen veranstaltet. Es führt über 900 Kilometer und verlässt niemals Vissers Grund und Boden. Auf seinem Anwesen herrscht noch der pure Feudalismus. So verkündet der Familienrat den überwiegend schwarzen Angestellten jedes Jahr zwei Nachrichten, ein gute und eine schlechte. Die Positive: Die Maisernte erbrachte schon wieder Rekordgewinne. Die Negative: Der Boss will Rallye fahren. Ein kräftiger Farmarbeiter wird dann zum Reifenwechsler vom Dienst erkoren. Wie es sich für einen Untergebenen gehört, fährt er auf der Rückbank mit. Und die besteht aus Holz und steht mit dem Rücken zur Fahrtrichtung im Heck. Die Chance, einmal nach vorn zu gucken, hat der Auserwählte also nur bei extremen Driftwinkeln. Angesichts des Fahrkönnens seines Chauffeurs besteht dann aller-

Der unverwüstliche Mickey Thomson kreierte in den 60er Jahren die ersten Offroad-Rennen. Heute werden Milliarden Dollar beim Offroad-Business umgesetzt. Der wichtigste Sieg eines deutschen Wagens in der Truck-Klasse bei der Paris-Dakar Rallye liegt auch schon 15 Jahre zurück. Saunafabrikant Capito gelang der Sieg auf einem werksunterstützten Unimog 1300L, oben.

dings die Gewissheit, dass dieser die Kontrolle über sein Fahrzeug verloren hat.

Kilometer 291,2, Höhe 3466 Meter. Service-Stop beim Tlokoeng Air Strip.

Ein Hubschrauber fliegt gerade einen verletzten Motorradfahrer aus. Er hatte sich die Schulter gebrochen. War weiter gefahren und konnte seine Enduro nicht mehr halten. War gestürzt und hatte sich den Fuß gebrochen. War wieder weitergefahren und in Tlokoeng zusammengebrochen. Vernon Hansen, der Besitzer unseres Wracks, winkt uns ein. Mit seiner Cessna 162 hat er uns Benzin gebracht. Das Fliegen ist hier noch gefährlicher als das Autofahren. Böige Fallwinde und verschlungene Schluchten bergen tödliche Gefahren. Und dann die „Flugplätze". Kaum 300 Meter lange Holperpisten, die mit faustgroßen Steinen übersät sind. Das reicht für eine halbwegs geregelte Bruchlandung, aber oft nicht mehr zum Starten.

Kilometer 413,2, Höhe unbekannt. Sechs bis zehn Meter tiefe Felsspalte neben der Straße. Dieser Punkt stand nicht im Fahrtenbuch. Leider. Wir sind auf einen fußkranken Dodge Ram Charger aufgelaufen und überholen. Gilbert ist in einem Moment unaufmerksam und gerät mit der rechten Fahrzeughälfte auf die Böschung. Er reißt den Pick-up ganz von der Bahn und versucht auf einem Stoppelfeld neben der Straße vorbeizukommen. Dritter Gang, etwa 80 km/h. Alles scheint O.K. Dann taucht diese Felsspalte auf. Quer durchs Feld und vier Meter breit. Zu spät zum Reagieren. Außerdem haben wir sowieso kaum noch Bremsen. Es kracht erbärmlich. Ich beginne zu zählen: 1. Rolle, 2. Rolle, 3. Rolle. Dann höre ich wunderschöne Musik. Plötzlich wird es kalt im Rücken. 80 Liter Sprit rauschen um mich herum. Beim Tanken haben diese Idioten den Tankdeckel vergessen oder schräg aufgeschraubt. Ich löse das Gurtschloss, denke aber nicht daran, dass unser Wagen auf dem Kopf liegt. Ich krache mit dem Helm runter aufs Dach. Wieder Musik im Hirn. Von oben ruft einer, ich komme zu mir, bringe aber keinen Ton raus. Gilbert sagt überhaupt nichts – auch Musik im Kopf?

Kilometer 423,2, Höhe 2166 Meter. Sehonhong Air Strip.

Nach einer Viertelstunde hatten Sie uns endlich aus dem Loch heraus. Gilbert hat ein Teilnehmer mitgenommen, weil wohl doch einige Rippen gebrochen waren. Ich selbst durfte zu Fuß gehen, weil zumindest äußerlich keine Feindeinwirkung feststellbar war. Im Dunkeln und bei eisiger Kälte dauert der Fußmarsch bis zum Sehonhong Air Strip vier Stunden. Genug Zeit für eine Bestandsaufnahme: Erstens: nie wieder Afrika. Zweitens: nie wieder Lesotho. Drittens: nie wieder Beifahrer. Am nächsten Morgen schwebt dann eine Cessna der „Lesotho Air Line" ein. Sie bringt Ersatzteile für liegengebliebene Autos. Ich will mit zurück. Der Pilot winkt ab, er habe keine Sitze eingebaut und dürfte nur Teile transportieren. Ich stecke ihm ein paar Scheine zu und bitte ihn, mich als Getriebe zu betrachten. Das leuchtet ihm ein.

Aus der Luft sehen die restlichen 500 Kilometer eigentlich ganz harmlos aus. Die Staubwolken markieren untrüglich den Stand des Rennens. Am weitesten vorn ist Robbie Wicks auf einer KTM vor Franz Czepek auf einem Sandmaster-Buggy. Und so bleibt es bis ans Ziel. Dort wartet auf jeden eine Belohnung. Auch auf die Geschlagenen. So überreicht mir der Rennleiter einen sogenannten „Rollie Pollie"-Schlips. Er trägt die Initialen des südafrikanischen Automobilclubs verkehrt herum und attestiert seinem Träger somit einen gelungenen Überschlag. Da schwindet der Groll schnell und ich ertappe mich bei ungesunden Gedanken. Vielleicht sollte man im nächsten Jahr einmal als Fahrer...?

Klare Formen, schöne Linien. Die amerikanischen Hauber eignen sich besonders gut für phantasievolle Verschönerungen.

Show Time – Galerie der schönsten Trucks

Iron Sides
KENWORTH
001

„Iron Sides" ist einer der meistprämierten Trucks Amerikas.
Dieser Truck wird seit zehn Jahren fast jeden Tag gefahren.
Er hat 4,5 Millionen Kilometer auf dem Buckel.

Der Laster als Kunstobjekt? Warum nicht. Amerika, das Land der unbegrenzten Möglichkeiten verteufelt nicht den Güterverkehr mit dem Laster. Ganz im Gegenteil. Man bekennt sich zum flexiblen Transport auf Gummirädern, weil die Schiene nur im schleichend langsamen Fernverkehr von „Coast to Coast“ noch einen ökonomischen Sinn macht. Das Schienennetz ist, mit Verlaub, eine Katastrophe. Die breite Bevölkerung steht zu ihren Truckern, denn wie in keinem anderen Land werden hier Existenzen gegründet. Floriert das Geschäft, ernährt es seinen Mann so gut, dass Zeit und Geld für die Verschönerung des „Geschäftes“ investiert werden. „Mein Truck ist die beste Visitenkarte für mein Geschäft“, erzählt Bob Wilson, der seit über 30 Jahren mit seinem „Iron Sides“ Kenworth in Kalifornien ein rühriges Transportunternehmen betreibt: „Mein ältester Truck hat nun schon über 2,8 Millionen Meilen (fast 4.5 Millionen Kilometer) auf

Nur die Stärksten halten die Putzorgie aus, die vor jedem Wettbwerb obligatorisch ist.

Mit seinem immens großen Tankvolumen kann dieser preisgekrönte Truck den ganzen amerikanischen Kontinent ohne Tankstopp durchqueren.

dem Buckel, und er gewinnt immer noch Preise bei den Custom Car Shows. Bei Nacht leuchten 250 Begrenzungslichter die Konturen aus. Dann weiß jeder Trucker in Amerika: Hier ist Bob unterwegs. Wir haben am Funk eine Menge Spaß miteinander, weil wir uns immer wieder bei den Events treffen."

Bob Wilson ist ein echtes Original. Mal fährt er Dragster-Rennen mit einem seiner Iron Sides, mal fährt er mit seinem wunderschönen Auflieger nach Beverly Hills und bewirtet dann bei einer karitativen Veranstaltung die Prominenz von Hollywood mit seinem selbstgebrauten Bier. Bob Wilson: „Tue Gutes, dann wird Dir auch Gutes getan. In unserem Land unterstützen die reichen Leute die Bedürftigen, sofern die Show stimmt. Ohne TV-Präsenz, viele Journalisten und mächtig viele Fotografen greift kein wirklich wohlhabender Mensch zum Scheckbuch. Mein bunter Truck kommt bei diesen Wohltätigkeitsveranstaltungen so gut an, dass ich im Film-Business ein festes Standbein bei Transporten habe. Neue Kunden gewinnt man nur über Öffentlichkeitsarbeit und ein tadelloses Outfit."

Ganz im Gegensatz zu unseren Gepflogenheiten werden in den USA die meisten Trucks nach den Wünschen der zukünftigen Besitzer zusammengebaut. Der Besitzer hat für seinen Kenworth-Hauber die Wahl zwischen einem Detroit-, Cummins- oder GM-Dieselmotor von 450 bis 790 PS. Sollen es 14.800 ccm oder 19.900 ccm Hubraum sein? Handgeschaltet oder Automatik? Fahrerkabine hoch und breit oder schmal und hoch? Stockbetten oder breites „französisches" Bett? Dusche, kleine Küche mit Mikrowelle und Drei-Sterne-Tiefkühlschrank? Hausbar mit Zapfanlage, mundgerecht gekühlt? Alles kein Problem in den USA. Man lebt, liebt und arbeitet in seinem Truck.

Als „Truck Customizing“ wird das Verschönern des Lastwagens bezeichnet. Dahinter verbirgt sich viel Geld. Im letzten Jahr wurde Zubehör im Wert von 560 Millionen Dollar an die Laster geschraubt.
Der absolute King of Business ist Tony R. In seiner Ladenkette verkauft er über 50.000 Sidepipes pro Jahr, die er in Korea und Mexiko fertigen lässt. Fast jeder amerikanische Truck ist damit bestückt. Über 60.000 verchromte Kühlergrills und über 200.000 vergoldete Embleme verschönern Amerikas Trucks, die eh schon Schmuckstücke sind: „It`s a Multi Million Market“, sagt Tony, und man glaubt es ihm. Der Einstand ins Customizing ist preiswert. 15 Dollar für ein vergoldetes Emblem, das kann sich jeder leisten. Felgen, Spezialreifen, Tanks, Instrumente, Zuleitungen und die elektrische Ausrüstung werden um so teurer, je höher die Ansprüche sind. Tony kennt sich aus: „Ich muss das Entwicklungsrisiko finanzieren und trage das volle Herstellerrisiko. Das muss bezahlt werden. Der Zeitgeschmack ändert sich beim Customizing fortlaufend. Preisgekrönte Trucks werden schamlos nachgebaut. Für den Eigenbedarf mag das angehen, für mein Geschäft sind minderwertige Kopien Gift. Schlechte Imitationen lassen sich nicht vermeiden. Oft kommt das

Dieser Truck wurde als schönster Renntransporter Amerikas ausgezeichnet. Der Fahrer startet bei den ASCAR-Stockcar-Rennen, wie das Gemälde zeigt.

Plagiat aus der gleichen Fabrik, und ich muss mir einen neuen Hersteller suchen."

Mit 50.000 Dollar zusätzlichen Kosten ist man bei der Musik dabei. Der Trend geht heute eindeutig zu immer aufwändigeren Lackierungen. Gold und Silber sind rückläufig. Gefragt sind derzeit die glatte schöne Karosserieform und die uneingeschränkte Straßentauglichkeit. In diese Richtung steuern auch die deutschen Truck-Spezialisten ihre Bemühungen. Eigenständiges Design ist wichtiger als unnützes Zubehör, das vor jedem Treffen tagelang geputzt werden muss. Truck Customizing ist kein leichtes Hobby. Wer nur einmal in seinem Leben einen ausgewachsenen „Amerikaner" gewienert hat, erinnert sich an den Muskelkater bis ans Ende seiner Tage, denn die Preisrichter schauen in die hintersten Ecken.

Edle Bastelarbeit.
Die beiden kleinen Fotos zeigen zwei preisgekrönte Trucks im 2/3 Format. Die Verkleinerung erkennt man auf dem Bild links unten. Hinten fährt das Original. Der große weiße Peterbilt gewann schon zahlreiche Preise in der Kategorie „Bestes Airbrush-Design“.

Zwischen den einzelnen Qualifikationsrennen der Speedway Trucks präsentieren die Zuschauer ihre schönen Laster, die Tag für Tag Geld einfahren müssen. Viele amerikanische Kleinunternehmer sehen in ihrem Fahrzeug die beste Werbung fürs eigene Geschäft.

T7
F7
NEW YORK
TV9071
F7

Dr.Oetker
HUBERT
KENWORTH
Förstina
Sprudel
822
FD·F 830

Deutschland holt auf. Die beim Truck Grand Prix am Nürburgring gezeigten Trucks müssen sich hinter den amerikanischen Vorbildern in keiner Weise verstecken. Die Begeisterung der Zuschauer belohnt hoffentlich die Mühe, die man mit solchen Kunstwerken auf Rädern hat.

Heel Verlag GmbH
Gut Pottscheidt
53639 Königswinter
Tel.: 0 22 23 / 92 30 - 0
Fax: 0 22 23 / 92 30 26

© 2000 Heel Verlag GmbH

Verantwortlich für den Inhalt:
Hans G. Isenberg

Fotonachweis:
Alle Fotos Hans G. Isenberg
Fellbach

Satz & Layout:
ARTCOM, Ruth Jungbluth, Königswinter

Litho:
ARTCOM, Sabine Köse, Tanja Küppershaus,
Andrea Lacey, Königswinter

Druck und Verarbeitung:
Koelblin-Fortuna-Druck, Baden-Baden

– Alle Rechte vorbehalten –

Printed and bound in Germany

ISBN 3-89365-835-1